LA VALEUR
DE
LA SCIENCE

Henri Poincaré

© Prodinnova 2014. Tous droits réservés.

ISBN : 978-1497577640

10 9 8 7 6 5 4 3 2 1

LA VALEUR DE LA SCIENCE

LA SCIENCE

Henri Poincaré

Table de Matières

Introduction

La recherche de la vérité doit être le but de notre activité; c'est la seule fin qui soit digne d'elle. Sans doute nous devons d'abord nous efforcer de soulager les souffrances humaines, mais pourquoi? Ne pas souffrir, c'est un idéal négatif et qui serait plus sûrement atteint par l'anéantissement du monde. Si nous voulons de plus en plus affranchir l'homme des soucis matériels, c'est pour qu'il puisse employer sa liberté reconquise à l'étude et à la contemplation de la vérité.

Cependant quelquefois la vérité nous effraye. Et en effet, nous savons qu'elle est quelquefois décevante, que c'est un fantôme qui ne se montre à nous un instant que pour fuir sans cesse, qu'il faut la poursuivre plus loin et toujours plus loin, sans jamais pouvoir l'atteindre. El cependant pour agir il faut s'arrêter, comme a dit je ne sais plus quel grec, Aristote ou un autre. Nous savons aussi combien elle est souvent cruelle et nous nous demandons si l'illusion n'est pas non seulement plus consolante, mais plus fortifiante aussi ; car c'est elle qui nous donne la confiance. Quand elle aura disparu, l'espérance nous resterait-elle et aurons-nous le courage d'agir ? C'est ainsi que le cheval attelé à un manège refuserait certainement d'avancer si on ne prenait la précaution de lui bander les yeux. Et puis, pour chercher la vérité, il faut être indépendant, tout à fait indépendant. Si nous voulons agir, au contraire, si nous voulons être forts, il faut que nous soyons unis. Voilà pourquoi plusieurs d'entre nous s'effraient de la vérité ; ils la considèrent comme une cause de faiblesse. Et pourtant il ne faut pas avoir peur de la vérité parce qu'elle seule est belle.

Quand je parle ici de la vérité, sans doute je veux parler d'abord de la vérité scientifique ; mais je veux parler aussi de la vérité morale, dont ce qu'on appelle la justice n'est qu'un des aspects. Il semble que j'abuse des mots, que je réunis ainsi sous un même nom deux objets qui n'ont rien de commun; que la vérité scientifique qui se démontre ne peut, à aucun titre, se rapprocher de la vérité morale qui se sent.

Et pourtant je ne peux les séparer, et ceux qui aiment l'une ne peuvent pas ne pas aimer l'autre. Pour trouver l'une, comme pour trouver, l'autre, il faut s'efforcer d'affranchir complètement son âme du préjugé et de la passion, il faut atteindre à l'absolue sincérité. Ces deux sortes de vérités, une fois découvertes, nous procurent la même joie ; l'une et l'autre, dès qu'on l'a aperçue, brille du même éclat, de sorte qu'il faut la voir ou fermer les yeux. Toutes deux enfin nous attirent et nous fuient ; elles ne sont jamais fixées : quand on croit les avoir atteintes, on voit qu'il faut marcher encore, et celui qui les poursuit est condamné à ne jamais connaître le repos.

Il faut ajouter que ceux qui ont peur de l'une, auront peur aussi de l'autre ; car ce sont ceux qui, en toutes choses, se préoccupent avant tout des conséquences. En un mot, je rapproche les deux vérités, parce que ce sont les mêmes raisons qui nous les font aimer et parce que ce sont les mêmes raisons qui nous les font redouter.

Si nous ne devons pas avoir peur de la vérité morale, à plus forte raison il ne faut pas redouter la vérité scientifique. Et d'abord elle ne peut être en conflit avec la morale. La morale et la science ont leurs domaines propres qui se touchent mais ne se pénètrent pas. L'une nous montre à quel but nous devons viser, l'autre, le but étant donné, nous fait connaître les moyens de l'atteindre. Elles ne peuvent donc jamais se contrarier puisqu'elles ne peuvent se rencontrer. Il ne peut pas y avoir de science immorale,

Henri Poincaré

pas plus qu'il ne peut y avoir de morale scientifique.

Mais si l'on a peur de la science, c'est surtout parce qu'elle ne peut nous donner le bonheur. Évidemment non, elle ne peut pas nous le donner, et l'on peut se demander si là bête ne souffre pas moins que l'homme. Mais pouvons-nous regretter ce paradis terrestre où l'homme, semblable à la brute, était vraiment immortel puisqu'il ne savait pas qu'on doit mourir ? Quand on a goûté à la pomme, aucune souffrance ne peut en faire oublier la saveur, et on y revient toujours. Pourrait-on faire autrement? Autant demander si celui qui a vu, peut devenir aveugle et ne pas sentir la nostalgie de la lumière. Aussi l'homme ne peut être heureux par la science, mais aujourd'hui il peut bien moins encore être heureux sans elle.

Mais si la vérité est le seul but qui mérite d'être poursuivi, pouvons-nous espérer l'atteindre ? Voilà de quoi il est permis de douter. Les lecteurs de mon petit livre sur la Science et l'Hypothèse savent déjà ce que j'en pense. La vérité qu'il nous est permis d'entrevoir n'est pas tout à fait ce que la plupart des hommes appellent de ce nom. Est-ce à dire que notre aspiration la plus légitime et la plus impérieuse est en même temps la plus vaine ? Ou bien pouvons-nous malgré tout approcher de la vérité par quelque côté, c'est ce qu'il convient d'examiner.

Et d'abord, de quel instrument disposons-nous pour cette conquête ? L'intelligence de l'homme, pour nous restreindre, l'intelligence du savant n'est-elle pas susceptible d'une infinie variété ? On pourrait, sans épuiser ce sujet, écrire bien des volumes; je n'ai fait que l'effleurer en quelques courtes pages. Que l'esprit du mathématicien ressemble peu à celui du physicien on à celui du naturaliste, tout le monde en conviendra; mais les mathématiciens eux-mêmes ne se ressemblent pas entre eux ; les uns ne connaissent que l'implacable logique, les autres font appel à l'intuition et voient en elle la source unique de la découverte. Et ce serait là une raison de défiance. A des esprits si dissemblables, les théorèmes mathématiques eux-mêmes pourront-ils apparaître sous le même jour? La vérité qui n'est pas la même pour tous est-elle la vérité ? Mais en regardant les choses de plus près, nous voyons comment ces ouvriers si différents collaborent à une œuvre commune qui ne pourrait s'achever sans leur concours. Et cela déjà nous rassure.

Il faut ensuite examiner les cadres dans lesquels la nature nous paraît enfermée et que nous nommons le temps et l'espace. Dans Science et Hypothèse, j'ai déjà montré combien leur valeur est relative ; ce n'est pas la nature qui nous les impose, c'est nous qui les imposons à la nature parce que nous les trouvons commodes, mais je n'ai guère parlé que de l'espace, et surtout de l'espace quantitatif, pour ainsi dire, c'est-à-dire des relations mathématiques dont l'ensemble constitue la géométrie. Il était nécessaire de montrer qu'il en est du temps comme de l'espace et qu'il en est encore de même de « l'espace qualitatif » ; il fallait en particulier rechercher pourquoi nous attribuons trois dimensions à l'espace. On me pardonnera donc d'être revenu une fois encore sur ces importantes questions.

L'analyse mathématique, dont l'étude de ces cadres vides est l'objet principal, n'est-elle donc qu'un vain jeu de l'esprit ? Elle ne peut donner au physicien qu'un langage commode ; n'est-ce pas là un médiocre service, dont on aurait pu se passer à la rigueur ; et même, n'est-il pas à craindre que ce langage artificiel ne soit un voile interposé entre la réalité et l'œil du physicien ? Loin de là, sans ce langage, la plupart des analogies intimes des choses nous seraient demeurées à jamais inconnues ; et nous aurions toujours ignoré l'harmonie interne du monde, qui est, nous le verrons, la seule véritable réalité objective.

La meilleure expression de cette harmonie, c'est la Loi ; la Loi est une des conquêtes les plus récentes de l'esprit humain ; il y a encore des peuples qui vivent dans un miracle perpétuel et qui ne s'en étonnent pas. C'est nous au contraire qui devrions nous étonner de la régularité de la nature. Les hommes demandent à leurs dieux de prouver leur existence par des miracles ; mais la merveille éternelle c'est qu'il n'y ait pas sans cesse des miracles. Et c'est pour cela que le monde est divin, puisque c'est pour cela qu'il est harmonieux. S'il était régi par le caprice, qu'est-ce qui nous prouverait qu'il ne l'est pas par le hasard ?

Cette conquête de la Loi, c'est à l'Astronomie que nous la devons, et c'est ce qui fait la grandeur de cette Science, plus encore que la grandeur matérielle des objets qu'elle considère.

Il était donc tout naturel que la Mécanique déleste fût le premier modèle de la Physique Mathématique ; mais depuis celte Science a évolué; elle évolue encore, elle évolue même rapidement. Et déjà il est nécessaire de modifier sur quelques points le tableau que je traçais en 1900 et dont j'ai tiré deux chapitres de Science et Hypothèse. Dans une conférence faite à l'Exposition de Saint-Louis en 1904, j'ai cherché à mesurer le chemin parcouru; quel a été le résultat de cette enquête, c'est ce que le lecteur verra plus loin.

Les progrès de la Science ont semblé mettre en péril les principes les mieux établis, ceux-là mêmes qui étaient regardés comme fondamentaux. Rien ne prouve cependant qu'on n'arrivera pas à les sauver ; et si on n'y parvient qu'imparfaitement, ils subsisteront encore, tout en se transformant. Il ne faut pas comparer la marche de la Science aux transformations d'une ville, où les édifices vieillis sont impitoyablement jetés à bas pour faire place aux constructions nouvelles, mais à l'évolution continue des types zoologiques qui se développent sans cesse et finissent par devenir méconnaissables aux regards vulgaires, mais où un œil exercé retrouve toujours les traces du travail antérieur des siècles passés. Il ne faut donc pas croire que les théories démodées ont été stériles et vaines. Si nous nous arrêtions là, nous trouverions dans ces pages quelques raisons d'avoir confiance dans la valeur de la Science, mais des raisons beaucoup plus nombreuses de nous en défier; il nous resterait une impression de doute ; il faut maintenant remettre les choses au point.

Quelques personnes ont exagéré le rôle de la convention dans la Science ; elles sont allées jusqu'à dire que la Loi, que le fait scientifique lui-même étaient créés par le savant. C'est là aller beaucoup trop loin dans la voie du nominalisme. Non, les lois scientifiques ne sont pas des créations artificielles ; nous n'avons aucune raison de les regarder comme contingentes, bien qu'il nous soit impossible de démontrer qu'elles ne le sont pas.

Cette harmonie que l'intelligence humaine croit découvrir dans la nature, existe-t-elle en dehors de cette intelligence ? Non, sans doute, une réalité complètement indépendante de l'esprit qui la conçoit, la voit ou la sent, c'est une impossibilité. Un monde si extérieur que cela, si même il existait, nous serait à jamais inaccessible. Mais ce que nous appelons la réalité objective, c'est, en dernière analyse, ce qui est commun à plusieurs êtres pensants, et pourrait être commun à tous ; cette partie commune, nous le verrons, ce ne peut être que l'harmonie exprimée par des lois mathématiques.

C'est donc cette harmonie qui est la seule réalité objective, la seule vérité que nous puissions atteindre ; et si j'ajoute que l'harmonie universelle du monde est la source de toute beauté, on comprendra quel prix nous devons attacher aux lents et pénibles progrès qui nous la font peu à peu mieux connaître.

Première Partie

Les Sciences Mathématiques

Chapitre Premier

L'Intuition et la Logique en Mathématiques

- I -

Il est impossible d'étudier les œuvres des grands mathématiciens, et même celles des petits, sans remarquer et sans distinguer deux tendances opposées, ou plutôt deux sortes d'esprits entièrement différents. Les uns sont avant tout préoccupés de la logique, à lire leurs ouvrages, on est tenté de croire qu'ils n'ont avancé que pas à pas, avec la méthode d'un Vauban qui pousse ses travaux d'approche contre une place forte, sans rien abandonner au hasard. Les autres se laissent guider par l'intuition et font du premier coup des conquêtes rapides, mais quelquefois précaires, ainsi que de hardis cavaliers d'avant-garde.

Ce n'est pas la matière qu'ils traitent qui leur impose l'une ou l'autre méthode. Si l'on dit souvent des premiers qu'ils sont des analystes et si l'on appelle les autres géomètres, cela n'empêche pas que les uns restent analystes, même quand ils font de la Géométrie, tandis que les autres sont encore des géomètres, même s'ils s'occupent d'Analyse pure. C'est la nature même de leur esprit qui les fait logiciens ou intuitifs, et ils ne peuvent la dépouiller quand ils abordent un sujet nouveau.

Ce n'est pas non plus l'éducation qui a développé en eux l'une des deux tendances et qui a étouffé l'autre. On naît mathématicien, on ne le devient pas, et il semble aussi qu'on naît géomètre, ou qu'on naît analyste.

Je voudrais citer des exemples et certes ils ne manquent pas; mais pour accentuer le contraste, je voudrais commencer par un exemple extrême, pardon, si je suis obligé de le chercher auprès de deux mathématiciens vivants.

M. Méray veut démontrer qu'une équation binôme a

toujours une racine, ou, en termes vulgaires, qu'on peut toujours subdiviser un angle. S'il est une vérité que nous croyons connaître par intuition directe c'est bien celle-là. Qui doutera qu'un angle peut toujours être partagé en un nombre quelconque de parties égales ? M. Méray n'en juge pas ainsi ; à ses yeux, cette proposition n'est nullement évidente et pour la démontrer, il lui faut plusieurs pages.

Voyez au contraire M. Klein : il étudie une des questions les plus abstraites de la théorie des fonctions; il s'agit de savoir si sur une surface de Riemann donnée, il existe toujours une fonction admettant des singularités données. Que fait le célèbre géomètre allemand ? Il remplace sa surface de Riemann par une surface métallique dont in conductibilité électrique varie suivant certaines lois. Il met deux de ses points en communication avec les deux pôles d'une pile. Il faudra bien, dit-il, que le courant passe, et la façon dont ce courant sera distribué sur la surface définira une fonction dont les singularités seront précisément celles qui sont prévues par l'énoncé.

Sans doute, M. Klein sait bien qu'il n'a donné là qu'un aperçu : toujours est-il qu'il n'a pas hésité à le publier; et il croyait probablement y trouver sinon une démonstration rigoureuse, du moins je ne sais quelle certitude morale. Un logicien aurait rejeté avec horreur une semblable conception, ou plutôt il n'aurait pas eu à la rejeter, car dans son esprit elle n'aurait jamais pu naître.

Permettez-moi encore de comparer deux hommes, qui sont l'honneur de la Science française qui nous ont été récemment enlevés, mais qui tous deux étaient depuis longtemps entrés dans l'immortalité. Je veux parler de M. Bertrand et de M. Hermite. Ils ont été élèves de la môme école et en même temps; ils ont subi la même éducation, les mêmes influences; et pourtant quelle divergence ; ce n'est pas seulement dans leurs écrits qu'on la voit éclater; c'est dans leur enseignement, dans leur façon de parler, dans leur aspect même. Dans la mémoire de tous leurs élèves, ces deux physionomies se sont gravées en traits ineffaçables ; pour tous ceux qui ont eu le bonheur de suivre leurs leçons, ce souvenir est encore tout récent; il nous est aisé de l'évoquer.

Tout en parlant, M. Bertrand est toujours en action; tantôt il semble aux prises avec quelque ennemi extérieur, tantôt il dessine d'un geste de la main les figures qu'il étudie. Évidemment, il voit et il cherche à peindre, c'est pour cela qu'il appelle le geste à son secours. Pour M. Hermite, c'est tout le contraire ; ses yeux semblent fuir le contact du monde ; ce n'est pas au dehors, c'est au-dedans qu'il cherche la vision de la vérité.

Parmi les géomètres allemands de ce siècle, deux noms surtout sont illustres; ce sont ceux des deux savants qui ont fondé la théorie générale des fonctions, Weierstrass et Riemann. Weierstrass ramène tout à la considération des séries et à leurs transformations analytiques ; pour mieux dire, il réduit l'Analyse à une sorte de prolongement de l'Arithmétique ; on peut parcourir tous ses Livres sans y trouver une figure. Riemann, au contraire, appelle de suite la Géométrie à son secours, chacune de ses conceptions est une image que nul ne peut oublier dès qu'il en a compris le sens.

Plus récemment, Lie était un intuitif; on aurait pu hésiter en lisant ses ouvrages, on n'hésitait plus après avoir causé avec lui; on voyait tout de suite qu'il pensait en images. Mme Kowalevski était une logicienne.

Chapitre I

Chez nos étudiants, nous remarquons les mêmes différences; les uns aiment mieux traiter leurs problèmes « par l'Analyse », les autres « par la Géométrie ». Les premiers sont incapables de « voir dans l'espace », les autres se lasseraient promptement des longs calculs et s'y embrouilleraient.

Les deux sortes d'esprits sont également nécessaires aux progrès de la Science ; les logiciens, comme les intuitifs, ont fait de grandes choses que les autres n'auraient pas pu faire. Qui oserait dire s'il aimerait mieux que Weierstrass n'eût jamais écrit, ou s'il préférerait qu'il n'y eût pas eu de Riemann? L'Analyse et la Synthèse ont donc toutes deux leur rôle légitime. Mais il est intéressant d'étudier de plus près quelle est dans l'histoire de la Science la part qui revient à l'une et à l'autre.

- II -

Chose curieuse ! Si nous relisons les œuvres des anciens, nous serons tentés de les classer tous parmi les intuitifs. Et pourtant la nature est toujours la même, il est peu probable qu'elle ait commencé dans ce siècle à créer des esprits amis de la logique.

Si nous pouvions nous replacer dans le courant des idées qui régnaient de leur temps, nous reconnaîtrions que beaucoup de ces vieux géomètres étaient analystes par leurs tendances. Euclide, par exemple, a élevé un échafaudage savant où ses contemporains ne pouvaient trouver de défaut. Dans cette vaste construction, dont chaque pièce, pourtant, est due à l'intuition, nous pouvons encore aujourd'hui sans trop d'efforts reconnaître l'œuvre d'un logicien.

Ce ne sont pas les esprits qui ont changé, ce sont les idées;

Henri Poincaré

les esprits intuitifs sont restés les mêmes ; mais leurs lecteurs ont exigé d'eux plus de concessions.

Quelle est la raison de cette évolution?

Il n'est pas difficile de la découvrir. L'intuition ne peut nous donner la rigueur, ni même la certitude, on s'en est aperçu de plus en plus.

Citons quelques exemples. Nous savons qu'il existe des fonctions continues dépourvues de dérivées. Rien de plus choquant pour l'intuition que celte proposition qui nous est imposée par la logique. Nos pères n'auraient pas manqué de dire: « Il est évident que toute fonction continue a une dérivée, puisque toute courbe a une tangente. »

Comment l'intuition peut-elle nous tromper à ce point? C'est que quand nous cherchons à imaginer une courbe, nous ne pouvons pas nous la représenter sans épaisseur; de même, quand nous nous représentons une droite, nous la voyons sous la forme d'une bande rectiligne d'une certaine largeur. Nous savons bien que ces lignes n'ont pas d'épaisseur; nous nous efforçons de les imaginer de plus en plus minces et de nous rapprocher ainsi de la limite; nous y parvenons dans une certaine mesure, mais nous n'atteindrons jamais cette limite.

Et alors il est clair que nous pourrons toujours nous représenter ces deux rubans étroits, l'un rectiligne, l'autre curviligne, dans une position telle qu'ils empiètent légèrement l'un sur l'autre sans se traverser.

Nous serons ainsi amenés, à moins d'être avertis par une analyse rigoureuse, à conclure qu'une courbe a toujours une tangente.

Chapitre I

Je prendrai comme second exemple le principe de Dirichlet sur lequel reposent tant de théorèmes de physique mathématique ; aujourd'hui on l'établit par des raisonnements très rigoureux mais très longs; autrefois, au contraire, on se contentait d'une démonstration sommaire. Une certaine intégrale dépendant d'une fonction arbitraire ne peut jamais s'annuler. On en concluait qu'elle doit avoir un minimum. Le défaut de ce raisonnement nous apparaît immédiatement, parce que nous employons le terme abstrait de fonction et que nous sommes familiarisés avec toutes les singularités que peuvent présenter les fonctions quand on entend ce mot dans le sens le plus général.

Mais il n'en serait pas de même si l'on s'était servi d'images concrètes, si l'on avait, par exemple, considéré cette fonction comme un potentiel électrique ; on aurait pu croire légitime d'affirmer que l'équilibre électrostatique peut être atteint. Peut-être cependant une comparaison physique aurait éveillé quelques vagues défiances. Mais si l'on avait pris soin de traduire le raisonnement dans le langage de la Géométrie, intermédiaire entre celui de l'Analyse et celui de la Physique, ces défiances ne se seraient sans doute pas produites, et peut-être pourrait-on ainsi, même aujourd'hui, tromper encore bien dei lecteurs non prévenus.

L'intuition ne nous donne donc pas la certitude. Voilà pourquoi l'évolution devait se taire ; voyons maintenant comment elle s'est faite.

On n'a pas tardé à s'apercevoir que la rigueur ne pourrait pas s'introduire dans les raisonnements, si on ne la faisait entrer d'abord dans les définitions.

Henri Poincaré

Longtemps les objets dont s'occupent les mathématiciens étaient pour la plupart mal définis ; on croyait les connaître, parce qu'on se les représentait avec les sens ou l'imagination; mais on n'en avait qu'une image grossière et non une idée précise sur laquelle le raisonnement pût avoir prise.

C'est là d'abord que les logiciens ont dû porter leurs efforts.

Ainsi pour le nombre incommensurable.

L'idée vague de continuité, que nous devions à l'intuition, s'est résolue en un système compliqué d'inégalités portant sur des nombres entiers.

Par là, les difficultés provenant des passages à la limite, ou de la considération dus infiniment petits, se sont trouvées définitivement éclaircies.

Il ne reste plus aujourd'hui en Analyse que des nombres entiers ou des systèmes finis ou infinis de nombres entiers, reliés entre eux par un réseau de relations d'égalité ou d'inégalité.

Les Mathématiques, comme on l'a dit, se sont arithmétisées.

- III -

Une première question se pose. Cette évolution est-elle terminée ?

Avons-nous atteint enfin la rigueur absolue ? A chaque stade de l'évolution nos pères croyaient aussi l'avoir atteinte. S'ils se trompaient, ne nous trompons-nous pas comme eux ?

Nous croyons dans nos raisonnements ne plus faire appel à l'intuition ; les philosophes nova diront que c'est là une illusion. La logique toute pure ne nous mènerait jamais qu'à des tautologies; elle ne pourrait créer du nouveau; ce n'est pas d'elle toute seule qu'aucune science peut sortir.

Ces philosophes ont raison dans un sens ; pour faire l'Arithmétique, comme pour faire la Géométrie, ou pour faire une science quelconque, il faut autre chose que la logique pure. Cette autre chose, nous n'avons pour la désigner d'autre mot que celui d'intuition. Mais combien d'idées différentes se cachent sous ces mêmes mots ?

Comparons ces quatre axiomes :

1° Deux quantités égales à une troisième sont égales entre elles ;
2° Si un théorème est vrai du nombre 1 et si l'on démontre qu'il est vrai de n + 1, pourvu qu'il le soit de n, il sera vrai de tous les nombres entiers;
3° Si sur une droite le point C est entre A et B et le point D entre A et C, le point D sera entre A et B ;
4° Par un point on ne peut mener qu'une parallèle à une droite.

Tous quatre doivent être attribués à l'intuition, et cependant le premier est l'énoncé d'une des règles de la logique formelle ; le second est un véritable jugement synthétique à priori, c'est le fondement de l'induction mathématique rigoureuse, le troisième est un appel à l'imagination; le quatrième est une définition déguisée.

L'intuition n'est pas forcément fondée sur le témoignage des sens ; les sens deviendraient bientôt impuissants; nous ne pouvons, par exemple, nous représenter le chilogone, et

Henri Poincaré

cependant nous raisonnons par intuition sur les polygones en général, qui comprennent le chilogone comme cas particulier.

Vous savez ce que Poncelet entendait par le principe de continuité. Ce qui est vrai d'une quantité réelle, disait Poncelet, doit l'être d'une quantité imaginaire ; ce qui est vrai de l'hyperbole dont les asymptotes sont réelles, doit donc être vrai de l'ellipse dont les asymptotes sont imaginaires. Poncelet était l'un des esprits les plus intuitifs de ce siècle ; il l'était avec passion, presque avec ostentation; il regardait le principe de continuité comme une de ses conceptions les plus hardies, et cependant ce principe ne reposait pas sur le témoignage dis sens; c'était plutôt contredire ce témoignage que d'assimiler l'hyperbole à l'ellipse. Il n'y avait là qu'une 6orte de généralisation hâtive et instinctive que je ne veux d'ailleurs pas défendre.

Noua avons donc plusieurs sortes d'intuitions; d'abord, l'appel aux sens et à l'imagination; ensuite, la généralisation par induction, calquée, pour ainsi dire, sur les procédés des sciences expérimentales ; nous avons enfin l'intuition du nombre pur, celle d'où est sorti le second des axiomes: que j'énonçais tout à l'heure et qui peul engendrer le véritable raisonnement mathématique. Les deux premières ne peuvent nous donner la certitude, je l'ai montré plus haut par des exemples ; mais qui doutera sérieusement de la troisième qui doutera de l'Arithmétique ?

Or, dans l'Analyse d'aujourd'hui, quand on veut se donner fa peine d'être rigoureux, il n'y a plus que des syllogismes ou des appels à cette intuition du nombre pur, la seule qui ne puisse nous tremper. On peut dire qu'aujourd'hui la rigueur absolue est atteinte.

Chapitre I

- IV -

Les philosophes font encore une autre objection: « Ce que vous gagnez en rigueur, disent-ils, vous le perdez en objectivité. Vous ne pouvez vous élever vers votre idéal logique qu'en coupant les liens qui vous rattachent à la réalité. Votre Science est impeccable, mais elle ne peut le rester qu'en s'enfermant dans une tour d'ivoire et en s'interdisant tout rapport avec le monde extérieur. Il faudra bien qu'elle en sorte dès qu'elle voudra tenter la moindre application. »

Je veux démontrer, par exemple, que telle propriété appartient à tel objet dont la notion me semble d'abord indéfinissable, parce qu'elle est intuitive. J'échoue d'abord ou je dois me contenter de démonstrations par à peu près; je me décide enfin à donner à mon objet une définition précise, ce qui me permet d'établir cette propriété d'une manière irréprochable.

« Et après? disent les philosophes, il reste encore à montrer que l'objet qui répond à cette définition est bien le même que l'intuition vous a fait connaître ; ou bien encore que tel objet réel et concret dont vous croyiez reconnaître immédiatement la conformité avec votre idée intuitive, répond bien à votre définition nouvelle. C'est alors seulement que vous pourrez affirmer qu'il jouit de la propriété en question. Vous n'avez fait que déplacer la difficulté. »

Cela n'est pas exact ; on n'a pas déplacé la difficulté, on l'a divisée. La proposition qu'il s'agissait d'établir se composait en réalité de deux vérités différentes, mais que l'on n'avait pas distinguées tout d'abord. La première était une vérité mathématique et elle est maintenant

Henri Poincaré

rigoureusement établie. La seconde était une vérité expérimentale. L'expérience seule peut nous apprendre que tel objet réel et concret répond ou ne répond pas à telle définition abstraite. Cette seconde vérité n'est pas démontrée mathématiquement, mais elle ne peut pas l'être, pas plus que ne peuvent l'être les lois empiriques des Sciences physiques et naturelles. U serait déraisonnable de demander davantage.

Eh bien ! n'est-ce pas un grand progrès d'avoir distingué ce qu'on avait longtemps confondu à tort?

Est-ce à dire qu'il n'y a rien à retenir de cette objection des philosophes ? Ce n'est pas cela que je veux dire ; en devenant rigoureuse, la Science mathématique prend un caractère artificiel qui frappera tout le monde ; elle oublie ses origines historiques; on voit comment les questions peuvent se résoudre, on ne voit plus comment et pourquoi elles se posent.

Cela nous montre que la logique ne suffit pas; que la Science de la démonstration n'est pas la Science tout entière et que l'intuition doit conserver son rôle comme complément, j'allais dire comme contrepoids ou comme contrepoison de la logique.

J'ai déjà eu l'occasion d'insister sur la place que doit garder l'intuition dans l'enseignement des Sciences mathématiques. Sans elle, les jeunes esprits ne sauraient s'initier à l'intelligence des Mathématiques; ils n'apprendraient pas à les aimer et n'y verraient qu'une vaine logomachie sans elle surtout, ils ne deviendraient jamais capables de les appliquer.

Mais aujourd'hui, c'est avant tout du rôle de l'intuition

dans la Science elle-même que je voudrais parler. Si elle est utile à l'étudiant, elle l'est plus encore au savant créateur.

- V -

Nous cherchons la réalité, mais qu'est-un que la réalité ?

Les physiologistes nous apprennent que les organismes sont formés de cellules; les chimistes ajoutent que les cellules elles-mêmes sont formées d'atomes. Cela veut-il dire que ces atomes ou que ces cellules constituent la réalité, ou du moins la seule réalité ? La façon dont ces cellules sont agencées et d'où résulte l'unité de l'individu, n'est-elle pas aussi une réalité, beaucoup plus intéressante que celle des éléments isolés, et un naturaliste, qui n'aurait jamais étudié l'éléphant qu'au microscope, croirait-il connaître suffisamment cet animal ?

Eh bien ! en Mathématiques, il y a quelque chose d'analogue. Le logicien décompose pour ainsi dire chaque démonstration en un très grand nombre d'opérations élémentaires ; quand on aura examiné ces opérations les unes après les autres et qu'on aura constaté que chacune d'elles est correcte, croira-t-on avoir compris le véritable sens de la démonstration ? L'aura-t-on compris môme quand, par un effort de mémoire, on sera devenu capable de répéter cette démonstration en reproduisant toutes ces opérations élémentaires dans l'ordre même où les avait rangées .l'inventeur ?

Évidemment non, nous ne posséderons pas encore la réalité tout entière, ce je ne sais quoi qui fait l'unité de la démonstration nous échappera complètement.

L'Analyse pure met à notre disposition une foule de

Henri Poincaré

procèdes dont elle nous garantit l'infaillibilité; elle nous ouvre mille chemins différents où nous pouvons nous engager en toute confiance ; nous sommes assurés de n'y pas rencontrer d'obstacles; mais, de tous ces chemins, quel est celui qui nous mènera le plus promptement au but ? Qui nous dira lequel il faut choisir ? Il nous faut une faculté qui nous fasse voir le but de loin, et, cette faculté, c'est l'intuition. Elle est nécessaire à l'explorateur pour choisir sa route, elle ne l'est pas moins à celui qui marche sur ses traces et qui veut savoir pourquoi il l'a choisie.

Si vous assistez à une partie d'échecs, il ne vous suffira pas, pour comprendre la partie, de savoir les règles de la marche des pièces. Cela vous permettrait seulement de reconnaître que chaque coup a été joué conformément à ces règles et cet avantage aurait vraiment bien peu de prix. C'est pourtant ce que ferait le lecteur d'un livre de Mathématiques, s'il n'était que logicien. Comprendre la partie, c'est tout autre chose ; c'est savoir pourquoi le joueur avance telle pièce plutôt que telle autre qu'il aurait pu faire mouvoir sans violer les règles du jeu. C'est apercevoir la raison intime qui fait de cette série de coups successifs une sorte de tout organisé. A plus forte raison, cette faculté est-elle nécessaire au joueur lui-même, c'est-à-dire à l'inventeur.

Laissons là cette comparaison et revenons aux Mathématiques.

Voyons ce qui est arrivé, par exemple pour l'idée de fonction continue. Au début, ce n'était qu'une image sensible, par exemple, celle d'un trait continu tracé à la craie sur un tableau noir. Puis elle s'est épurée peu à peu, bientôt on s'en ost servi pour construire un système compliqué d'inégalités, qui reproduisait pour ainsi dire toutes les lignes de l'image primitive ; quand cette construction a été terminée, on a décintré, pour ainsi dire, on a rejeté cette représentation grossière qui lui avait momentanément servi d'appui et qui était désormais inutile ; il n'est plus resté que la construction elle-même, irréprochable aux yeux du logicien. Et cependant si l'image primitive avait totalement disparu de notre souvenir, comment devinerions-nous par quel caprice toutes ces inégalités se sont échafaudées de cette façon les unes sur les autres ?

Vous trouverez peut-être que j'abuse des comparaisons; passez-m'en cependant encore une. Vous avez vu sans doute ces assemblages délicats d'aiguilles siliceuses qui forment le squelette -le certaines éponges. Quand la matière organique a disparu, il ne reste qu'une frêle et élégante dentelle, il n'y a là, il est vrai, que de la silice, mais, ce qui ?.st intéressant, c'est la forme qu'a prise cette silice, et nous ne pouvons la comprendre si nous ne connaissons pas l'éponge vivante qui lui a précisément imprimé cette forme. C'est ainsi que les anciennes notions intuitives de nos pères, même lorsque nous les avons abondonnées, impriment encore leur forme aux échafaudages logiques que nous avons mis à leur place.

Cette vue d'ensemble est nécessaire à l'inventeur; elle est nécessaire également à celui qui veut réellement comprendre l'inventeur; la logique peut-elle nous la donner ?

Non; le nom que lui donnent les mathématiciens suffirait pour le prouver. En Mathématiques, la logique s'appelle Analyse et analyse veut dire division, dissection. Elle ne peut donc avoir d'autre outil que le scalpel et le microscope.

Ainsi, la logique et l'intuition ont chacune leur rôle nécessaire. Toutes deux sont indispensables. La logique

Henri Poincaré

qui peut seule donner la certitude est l'instrument de la démonstration: l'intuition est l'instrument de l'invention.

- VI -

Mais, au moment de formuler cette conclusion, je suis pris d'un scrupule.

Au début, j'ai distingué deux sortes d'esprits mathématiques, les uns logiciens et analystes, les autres intuitifs et géomètres. Eh bien, lès analystes aussi ont été des inventeurs. Les noms que j'ai cités tout à l'heure me dispensent d'insister.

Il y a là une contradiction au moins apparente qu'il est nécessaire d'expliquer.

Croit-on d'abord que ces logiciens ont toujours procédé du général au particulier, comme les règles de la logique formelle semblaient les y obliger ? Ce n'est pas ainsi qu'ils auraient pu étendre les frontières de la Science ; on ne peut faire de conquête scientifique que par la généralisation.

Dans un des chapitres de Science et Hypothèse, j'ai eu l'occasion d'étudier la nature du raisonnement mathématique et j'ai montré comment ce raisonnement, sans cesser d'être absolument rigoureux pouvait nous élever du particulier au général par un procédé que j'ai appelé l'induction mathématique.

C'est par ce procédé que les analystes ont fait progresser la Science et si l'on examine le détail même de leurs démonstrations, on l'y retrouvera à chaque instant à côté du syllogisme classique d'Aristote.

Nous voyons donc déjà que les analystes ne sont pas simplement des faiseurs de syllogismes à la façon des scolastiques.

Croira-t-on, d'autre part, qu'ils ont toujours marché pas à pas sans avoir la vision du but qu'ils voulaient atteindre ? Il a bien fallu qu'ils devinaient le chemin qui y conduisait, et pour cela ils ont eu besoin d'un guide.

Ce guide, c'est d'abord l'analogie.

Par exemple, un des raisonnements chers aux analystes est celui qui est fondé sur l'emploi des fonctions majorantes. On sait qu'il a déjà servi à résoudre une foule de problèmes; en quoi consiste alors le rôle de l'inventeur qui veut l'appliquer à un problème nouveau ? Il faut d'abord qu'il reconnaisse l'analogie de cette question avec celles qui ont déjà été résolues par cette méthode ; il faut ensuite qu'il aperçoive en quoi cette nouvelle question diffère des autres, et qu'il en déduise les modifications qu'il est nécessaire d'apporter à la méthode.

Mais comment aperçoit-on ces analogies et ces différences ?

Dans l'exemple que je viens de citer, elles sont presque toujours évidentes, mais j'aurais pu en trouver d'autres où elles auraient été beaucoup plus cachées; souvent il faut pour les découvrir une perspicacité peu commune.

Les analystes, pour ne pas laisser échapper ces analogies cachées, c'est-à-dire pour pouvoir être inventeurs, doivent, sans le secours des sens et de l'imagination, avoir le sentiment direct de ce qui fait l'unité d'un raisonnement, de ce qui en fait pour ainsi dire l'âme et la vie intime.

Henri Poincaré

Quand on causait avec M. Hermite ; jamais il n'évoquait une image sensible, et pourtant vous vous aperceviez bientôt que les entités les plus abstraites étaient pour lui comme des êtres vivants. Il ne les voyait pas, mais il sentait qu'elles ne sont pas un assemblage artificiel, et qu'elles ont je ne sais quel principe d'unité interne.

Mais, dira-t-on, c'est là encore de l'intuition. Conclurons-nous que la distinction faite au début n'était qu'une apparence, qu'il n'y a qu'une sorte d'esprit ? et que tous les mathématiciens sont des intuitifs, du moins ceux qui sont capables d'inventer ?

Non, notre distinction correspond à quelque chose de réel. J'ai dit plus haut qu'il y a plusieurs espèces d'intuition. J'ai dit combien l'intuition du nombre pur, celle d'où peut sortir l'induction mathématique rigoureuse, diffère de l'intuition sensible dont l'imagination proprement dite fait tous les frais.

L'abîme qui les sépare est-il moins profond qu'il ne paraît d'abord ? Reconnaîtrait-on avec un peu d'attention que cette intuition pure elle-même ne saurait se passer du secours des sens ? C'est là l'affaire du psychologue et du métaphysicien et je ne discuterai pas cette question.

Mais il suffit que la chose soit douteuse pour que je sois en droit de reconnaître et d'affirmer une divergence essentielle entre les deux sortes d'intuition; elles n'ont pas le même objet et semblent mettre en jeu deux facultés différentes de notre âme ; on dirait de deux projecteurs braqués sur deux mondes étrangers l'un à l'autre.

C'est l'intuition du nombre pur, celle des formes logiques pures qui éclaire et dirige ceux que nous avons appelés analystes.

C'est elle qui leur permet non seulement de démontrer, mais encore d'inventer. C'est par elle qu'ils aperçoivent d'un coup d'œil le plan général d'un édifice logique, et cela sans que les sens paraissent intervenir.

En rejetant le secours de l'imagination, qui, nous l'avons vu, n'est pas toujours infaillible, ils peuvent avancer sans crainte de se tromper. Heureux donc ceux qui peuvent se passer de cet appui ! Nous devons les admirer, mais combien ils sont rares !

Pour les analystes, il y aura donc des inventeurs, mais il y en aura peu.

La plupart d'entre nous, s'ils voulaient voir de loin par la seule intuition pure, se sentiraient bientôt pris de vertige. Leur faiblesse a besoin d'un bâton plus solide et, malgré les exceptions dont nous Tenons de parler, il n'on est pas moins vrai que l'intuition sensible est en Mathématiques l'instrument le plus ordinaire de l'invention. A propos des dernières réflexions que je viens de faire, une question se pose que je n'ai le temps, ni de résoudre, ni même d'énoncer avec les développements qu'elle comporterait.

Y a-t-il lieu de faire une nouvelle coupure et de distinguer parmi les analystes ceux qui se servent surtout de cette intuition purs ou ceux qui se préoccupent d'abord de la logique formelle ?

M. Hermite, par exemple, que je citais tout à l'heure, ne peut être classé parmi les géomètres qui font usage de l'intuition sensible ; mais il n'est pas non plus un logicien proprement dit. Il ne cache pas sa répulsion pour les

Henri Poincaré

procédés purement déductifs qui partent du général pour aller au particulier.

Chapitre I

Chapitre II
La Mesure du Temps

- I -

Tant que l'on ne sort pas du domaine de ta conscience, la notion du temps est relativement claire. Non seulement nous distinguons sans peine la sensation présente du souvenir des sensations passées ou de la prévision des sensations futures; mais nous savons parfaitement ce que nous voulons dire quand nous affirmons que, de deux phénomènes conscients dont nous avons conservé le souvenir, l'un a été antérieur à l'autre ; ou bien que, de deux phénomènes conscients prévus, l'un sera antérieur à l'autre.

Quand nous disons que deux faits conscients sont simultanés, nous voulons dire qu'ils se pénètrent profondément l'un l'autre, de telle sorte que l'analyse ne peut les séparer sans les mutiler.

L'ordre dans lequel nous rangeons les phénomènes conscients ne comporte aucun arbitraire. Il nous est imposé et nous n'y pouvons rien changer.

Je n'ai qu'une observation à ajouter. Pour qu'un ensemble de sensations soit devenu un souvenir susceptible d'être classé dans le temps, il faut qu'il ait cessé d'être actuel, que nous ayons perdu le sens de son infinie complexité, sans quoi il serait resté actuel. Il faut qu'il ait pour ainsi dire cristallisé autour d'un centre d'associations d'idées qui sera comme une sorte d'étiquette. Ce n'est que quand ils auront ainsi perdu toute vie que nous pourrons classer nos souvenirs dans le temps, comme un botaniste range dans son herbier les fleurs desséchées.

Mais ces étiquettes ne peuvent être qu'en nombre fini. A ce compte, le temps psychologique serait discontinu. D'où vient ce sentiment qu'entre deux instants quelconques il y a d'autres instants? Nous classons nos souvenirs dans le temps, mais nous savons qu'il reste des cases vides. Comment cela se pourrait-il si le temps n'était une forme préexistant dans notre esprit? Comment saurions-nous qu'il y a des cases vides, si ces cases ne nous étaient révélées que par leur contenu?

- II -

Mais ce n'est pas tout; dans cette forme nous voulons faire rentrer non seulement les phénomènes de notre conscience, mais ceux dont les autres consciences sont le théâtre. Bien plus, nous voulons y faire rentrer les faits physiques, ces je ne sais quoi dont nous peuplons l'espace et que nulle conscience ne voit directement. Il le faut bien car sans cela la science ne pourrait exister. En un mot, le temps psychologique nous est donné et nous voulons créer le temps scientifique et physique. C'est là que la difficulté commence, ou plutôt les difficultés, car il y en a deux.

Voilà deux consciences qui sont comme deux mondes impénétrables l'un à l'autre. De quel droit voulons-nous les faire entrer dans un même moule, les mesurer avec la même toise ? N'est-ce pas comme si l'on voulait mesurer avec un gramme ou peser avec un mètre ?

Et d'ailleurs, pourquoi parlons-nous de mesure ? Nous savons peut-être que tel fait est antérieur à tel autre, mais non de combien il est antérieur.

Donc deux difficultés :
    (1) Pouvons-nous transformer le temps psychologique, qui est qualitatif, en un temps quantitatif?

Henri Poincaré

(2) Pouvons-nous réduire à une môme mesure des faits qui
se passent dans des mondes différents?

- III -

La première difficulté a été remarquée depuis longtemps;
elle a fait l'objet de longues discussions et on peut dire que
la question est tranchée.

Nous n'avons pas l'intuition directe de l'égalité de deux
intervalles de temps. Les personnes qui croient posséder
celte intuition sont dupes d'une illusion.

Quand je dis, de midi à une heure, il s'est écoulé le même
temps que de deux heures à trois heures, quel sens a cette
affirmation ?

La moindre réflexion montre qu'elle n'en a aucun par elle-
même. Elle n'aura que celui que je voudrai bien lui donner,
par une définition qui comportera certainement un certain
degré d'arbitraire.

Les psychologues auraient pu se passer de cette définition;
les physiciens les astronomes ne le pouvaient pas ; voyons
comment ils s'en sont tirés.

Pour mesurer le temps, ils se servent du pendule et ils
admettent par définition que tous les battements de ce
pendule sont d'égale durée. Mais ce n'est là qu'une première
approximation; la température, la résistance de l'air, la
pression barométrique font varier la marche du pendule.
Si on échappait à ces causes d'erreur, on obtiendrait une
approximation beaucoup plus grande, mais ce na serait
encore qu'une approximation. Des causes nouvelles,

négligées jusqu'ici, électriques, magnétiques ou autres, viendraient apporter de petites perturbations.

En fait, les meilleures horloges doivent être corrigées de temps en temps, et les corrections se font à l'aide des observations astronomiques; on s'arrange pour que l'horloge sidérale marque la même heure quand la même étoile passe au méridien. En d'autres termes, c'est le jour sidéral, c'est-à-dire la durée de rotation de la terre, qui est l'unité constante du temps. On admet, par une définition nouvelle substituée à celle qui est tirée des battements du pendule, que deux rotations complètes de la terre autour de son axe ont môme durée.

Cependant les astronomes ne se sont pas contentés encore de cette définition. Beaucoup d'entre eux pensent que les marées agissent comme un frein sur notre globe, et que la rotation de la terre devient de plus en plus lente. Ainsi s'expliquerait l'accélération apparente du mouvement de la lune, qui paraîtrait aller plus vite que la théorie ne le lui permet parce que notre horloge, qui est la terre, retarderait.

- IV -

Tout cela importe peu, dira-t-on, sans doute nos instruments de mesure sont imparfaits, mais il suffit que nous puissions concevoir un instrument parfait. Cet idéal ne pourra être atteint, mais ce sera assez de l'avoir conçu et d'avoir ainsi mis la rigueur dans la définition de l'unité de temps.

Le malheur est que cette rigueur ne s'y rencontre pas. Quand nous nous servons du pendule pour mesurer le temps, quel est le postulat que nous admettons implicitement?

Henri Poincaré

C'est que la durée de deux phénomènes identiques est la même ; ou, si l'on aime mieux, que les mêmes causes mettent le même temps à produire les mêmes effets.

Et c'est là au premier abord une bonne définition de l'égalité de deux durées.

Prenons-y garde cependant. Est-il impossible que l'expérience démente un jour notre postulat?

Je m'explique ; je suppose qu'en un certain point du monde se passe le phénomène a, amenant pour conséquence au bout d'un certain temps l'effet α'. En un autre point du monde très éloigné du premier, se passe le phénomène β, qui amène comme conséquence l'effet β'. Les phénomènes α et β sont simultanés, de même que les effets α' et β'.

A une époque ultérieure, le phénomène α se reproduit dans des circonstances à peu près identiques et simultanément le phénomène β se reproduit aussi en un point très éloigné du monde et à peu près dans les mêmes circonstances.

Les effets α' et β' vont aussi se reproduire. Je suppose que l'effet α' ait lieu sensiblement avant l'effet β'.

Si l'expérience nous rendait témoins d'un tel spectacle, notre postulat se trouverait démenti.

Car l'expérience nous apprendrait que la première durée $\alpha\alpha'$ est égale à la première durée $\beta\beta'$ et que la seconde durée $\alpha\alpha'$ est plus petite que la seconde durée $\beta\beta'$. Au contraire notre postulat exigerait que les deux durées $\alpha\alpha'$ fussent égales entre elles, de même que les deux durées $\beta\beta'$. L'égalité et, l'inégalité déduites de l'expérience seraient incompatibles avec les deux égalités tirées du postulat.

Chapitre II

Or, pouvons-nous affirmer que les hypothèses que je viens de faire soient absurdes ? Elles n'ont rien de contraire au principe de contradiction. Sans doute elles ne sauraient se réaliser sans que 2eprincipe de raison suffisante semble violé. Mais pour justifier une définition aussi fondamentale, l'aimerais mieux un autre garant.

- V -

Mais ce n'est pas tout.

Dans la réalité physique, une cause ne produit pas un effet, mais une multitude de causes distinctes contribuent à le produire, sans qu'on ait aucun moyen de discerner la part de chacune d'elles.

Les physiciens cherchent à faire cette distinction; mais ils ne la font qu'à pou près, et quelques progrès qu'ils fassent, ils ne la feront jamais qu'à peu près. Il est à peu près vrai que le mouvement du pendule est dû uniquement à l'attraction de la Terre ; mais en toute rigueur, il n'est pas jusqu'à l'attraction de Sirius qui n'agisse sur le pendule.

Dans ces conditions, il est clair que les causes qui ont produit un certain effet ne se reproduiront jamais qu'à peu près.

Et alors nous devons modifier notre postulat et notre définition, Au lieu de dire:

« Les mêmes causes mettent le même terni i à produire les mêmes effets. »

Nous devons dire: « Des causes à peu près identiques

Henri Poincaré

mettent t peu près le même temps pour produire à peu près les mêmes effets. »

Notre définition n'est donc plus qu'approchés.

D'ailleurs, comme le fait très justement remarquer M. Calinon dans un mémoire récent (Etude sur les diverses grandeurs, Paris, Gauthier-Villars, 1897) : « Une des circonstances d'un phénomène quelconque est la vitesse de la rotation de la terre ; si cette vitesse de rotation varie, elle constitue, dans la reproduction de ce phénomène une circonstance qui ne reste plus identique à elle-même. Mais supposer cette vitesse de rotation constante, c'est supposer qu'on sait mesurer le temps. »

Notre définition n'est donc pas encore satisfaisante ; ce n'est certainement pas celle qu'adoptent implicitement les astronomes dont je parlais plus haut, quand ils affirment que la rotation terrestre va en se ralentissant.

Quel sens a dans leur bouche cette affirmation ? Nous ne pouvons le comprendre qu'en analysant les preuves qu'ils donnent de leur proposition.

Ils disent d'abord que le frottement des marées produisant de la chaleur doit détruire de la force vive. Ils invoquent donc le principe des forces vives ou de la conservation de l'énergie.

Ils disent ensuite que l'accélération séculaire de la lune, calculée d'après la loi de Newton, serait plus petite que celle qui est déduite des observations, si on ne faisait la correction relative au ralentissement de la rotation terrestre.

Ils invoquent donc la loi de Newton.

En d'autres termes, ils définissent la durée de la façon suivante : le temps doit être défini de telle façon que là loi de Newton et celle des forces vives soient vérifiées.

La loi de Newton est une vérité d'expérience ; comme telle elle n'est qu'approximative, ce qui montre que nous n'avons encore qu'une définition par à peu près.

Si nous supposons maintenant que l'on adopte une autre manière de mesurer le temps, les expériences sur lesquelles est fondée la loi de Newton n'en conserveraient pas moins le même sens. Seulement l'énoncé de la loi serait différent, parce qu'il serait traduit dans un autre langage ; il serait évidemment beaucoup moins simple.

De sorte que la définition implicitement adoptée par les astronomes peut se résumer ainsi :

Le temps doit être défini-de telle façon que les équations de las mécanique soient aussi- simples que possible.

En d'autres termes ; il n'y; a pas une manière de mesurer le temps qui soit plus vraie qu'une autre ; celle qui est généralement adoptée est seulement plus commode.

De deux horloges, nous n'avons pas le droit de dire que l'une marche bien et que l'autre marche mal; nous pouvons dire seulement qu'on a avantage à s'en rapporter aux indications de la première.

La difficulté dont nous venons de nous occuper a été, je l'ai dit, souvent signalée ; parmi les ouvrages les plus récents où il en est question, je citerai, outre l'opuscule de M.

Calinon, le traité de mécanique de M. Andrade.

- VI -

La seconde difficulté a jusqu'ici beaucoup moins attiré l'attention; elle est cependant tout à fait Analogue à la précédente ; et même, logiquement, j'aurais dû en parler d'abord.

Deux phénomènes psychologiques se passent dans deux consciences différentes; quand je dis qu'ils sont simultanés, qu'est-ce que je veux dire ? Quand je dis qu'un phénomène physique, qui se passe en dehors de toute conscience est antérieur ou postérieur à un phénomène psychologique, qu'est-ce que je veux dire ?

En 1572, Tycho-Brahé remarqua dans le ciel une étoile nouvelle. Une immense conflagration s'était produite dans quelque astre très lointain; mais elle s'était produite longtemps auparavant ; il avait fallu pour le moins deux cents ans, avant que la lumière partie de cette étoile eût atteint notre terre. Cette conflagration était donc antérieure à la découverte de l'Amérique.

Eh bien, quand je dis cela, quand je considère ce phénomène gigantesque qui n'a peut-être eu aucun témoin, puisque les satellites-de cette étoile n'ont peut-être pas d'habitants, quand je dis quo ce phénomène est antérieur à la formation de l'image visuelle de l'Ile d'Espanola dans la conscience de Christophe Colomb, qu'est-ce quo je veux dire ?

Il suffit d'un peu de réflexion pour comprendre que toutes ces affirmations n'ont par elles-mêmes aucun sens.

Elles ne peuvent en avoir un que par suite d'une convention.

- VII -

Nous devons d'abord' nous demander comment on a pu avoir l'idée de faire rentrer dans un môme cadre tant de mondes impénétrables les uns aux autres.

Nous voudrions nous représenter l'univers extérieur, et ce n'est qu'à ce prix que nous croirions le connaître.

Cette représentation, nous ne l'aurons jamais, nous le savons: notre infirmité est trop grande.

Nous voulons au moins, que l'on puisse concevoir une intelligence infinie pour laquelle celte représentation serait possible, une sorte de grande conscience qui verrait tout, et qui classerait tout dans son temps, comme nous classons, dans nota, temps, le peu que nous voyons.

Cette hypothèse est bien grossière et incomplète ; car cette intelligence suprême ne serait qu'un demi-dieu; infinie en un sens, elle serait limitée en un autre, puisqu'elle n'aurait du passé qu'un souvenir imparfait; et elle n'en pourrait avoir d'autre, puisque sans cela tous les souvenirs lui seraient également présents et qu'il n'y aurait pas de temps pour elle.

Et cependant quand nous parlons du temps, pour .tout ce qui se passe en dehors de nous, n'adoptons-nous pas inconsciemment cette hypothèse ; ne nous mettons-nous pas à la place de ce dieu imparfait; et les athées eux-mêmes ne se mettent-ils pas à la place où serait Dieu, s'il existait?

Ce que je viens de dire nous montre peut-être pourquoi

Henri Poincaré

nous avons cherché à faire rentrer tous les phénomènes physiques dans un même cadre. Mais cela ne peut passer pour une définition delà simultanéité, puisque cette intelligence hypothétique, si môme elle existait, serait impénétrable pour nous.

Il faut donc chercher autre chose.

- VIII -

Les définitions ordinaires qui conviennent pour le temps psychologique, ne pourraient plus nous suffire. Deux faits psychologiques simultanés sont liés si étroitement que l'analyse ne peut les séparer sans les mutiler. En est-il de même pour deux faits physiques? Mon présent n'est-il pas plus près de mon passé d'hier que du présent de Sirius?

On a dit aussi que deux faits doivent être regardés comme simultanés quand l'ordre de leur succession peut être interverti à volonté. Il est évident que cette définition ne saurait convenir pour deux faits physiques qui se produisent à de grandes distances l'un de l'autre, et que, en ce qui les concerne, on ne comprend même plus ce que peut être cette réversibilité; d'ailleurs, c'est d'abord la succession même qu'il faudrait définir.

- IX -

Cherchons donc à nous rendre compte de ce qu'on entend par simultanéité ou antériorité, et pour cela analysons quelques exemples.

J'écris une lettre ; elle est lue ensuite par l'ami à qui je l'ai adressée. Voilà deux faits qui ont eu pour théâtre deux consciences différentes. En écrivant cette lettre, j'en ai possédé l'image visuelle, et mon ami a possédé à son tour cette même image en lisant la lettre.

Bien que ces deux faits se passent dans des mondes impénétrables, je n'hésite pas à regarder le premier comme antérieur au second, parce que je crois qu'il en est la cause.

J'entends le tonnerre, et je conclus qu'il y a eu une décharge électrique ; je n'hésite pas à considérer le phénomène physique comme antérieur à l'image sonore subie par ma conscience, parce que je crois qu'il en est la cause.

Voilà donc la règle que nous suivons, et la seule que nous puissions suivre ; quand un phénomène nous apparaît comme la cause d'un autre, nous le regardons comme antérieur.

C'est donc par la cause que nous définissons le temps ; mais le plus souvent, quand deux faits nous apparaissent liés par une relation constante, comment reconnaissons-nous lequel est la cause et lequel est l'effet ? Nous admettons que le fait antérieur, l'antécédent, est la cause de l'autre, du conséquent. C'est alors par le temps que nous définissons la cause. Comment se tirer de cette pétition de principe ?

Nous disons tantôt post hoc, ergo propter hoc tantôt propter hoc, ergo post hoc; sortira-t-on de ce cercle vicieux ?

- X -

Voyons donc, non pas comment on parvient à s'en tirer, car on n'y parvient pas complètement, mais comment on cherche à s'en tirer.

J'exécute un acte volontaire A et je subis ensuite une

sensation D, que je regarde comme une conséquence de l'acte A ; d'autre part, pour une raison quelconque, j'infère que cette conséquence n'est pas immédiate ; mais qu'il s'est accompli en dehors de ma conscience deux faits B et C dont je n'ai pas été témoin et de telle façon que B soit l'effet de A, que C soit celui de B, et D celui de C.

Mais pourquoi cela ? Si je crois avoir des raisons pour regarder les quatre faits A, B, C, D, comme liés l'un ; à l'autre par un lien de causalité, pourquoi les ranger dans l'ordre-causal A B C D et en même temps dans l'ordre chronologique A B C D plutôt que dans tout autre ordre ?

Je vois bien que dans l'acte A j'ai le sentiment d'avoir été actif, tandis qu'en subissant la sensation D, j'ai celui d'avoir été passif. C'est pourquoi je regarde A comme la cause initiale et D comme l'effet ultime ; c'est pourquoi je range A au commencement de la chaîne et D à la fin ; mais pourquoi mettre B avant C plutôt que C avant B ?

Si l'on se pose cette question, on répondra ordinairement : on sait bien que c'est B qui est la cause de C, puisqu'on voit toujours B se produire avant C. Ces deux phénomènes, quand on est témoin, se passent dans un certain ordre ; quand des phénomènes analogues se produisent sans témoin, il n'y a pas de raison pour que cet ordre soit interverti.

Sans doute, mais qu'on y prenne garde ; nous ne connaissons jamais directement les phénomènes physiques B et C ; ce que nous connaissons, ce sont des sensations B' et C' produites respectivement par B et par C. Notre conscience nous apprend immédiatement que B' précède C' et nous admettons que B et C se succèdent dans le même ordre.

Cette règle paraît en effet bien naturelle, et cependant on est souvent conduit à y déroger. Nous n'entendons le bruit du tonnerre que quelques secondes après la décharge électrique du nuage. De deux coups de foudre, l'un lointain, l'autre rapproché, le premier ne peut-il pas être antérieur au second, bien que le bruit du second nous parvienne avant celui du premier ?

- XI -

Autre difficulté; avons-nous bien le droit de parler de la cause d'un phénomène ? si toutes les parties de l'univers sont solidaires dans une certaine mesure, un phénomène quelconque ne sera pas l'effet d'une cause unique, mais la résultante de causes infiniment nombreuses; il est, dit-on souvent, la conséquence de l'état de l'univers un instant auparavant.

Comment énoncer des règles applicables à des circonstances aussi complexes ? et pourtant ce n'est qu'à ce prix que ces règles pourront être générales et rigoureuses.

Pour ne pas nous perdre dans cette infinie complexité, faisons une hypothèse plus simple ; considérons trois astres, par exemple, le Soleil, Jupiter et Saturne ; mais, pour plus de simplicité, regardons-les comme réduits à des points matériels et isolés du reste du monde.

Les positions et les vitesses des trois corps à un instant donné suffisent pour déterminer leurs positions et leurs vitesses à l'instant suivant, et par conséquent à un instant quelconque. Leur position à l'instant t déterminent leurs positions a l'instant $t + h$, aussi bien que leurs positions à l'instant $t - h$.

Henri Poincaré

Il y a même plus ; la position de Jupiter à l'instant t, jointe à celle de Saturne à l'instant t + a, détermine la position de Jupiter à un instant quelconque et celle de Saturne à un instant quelconque.

L'ensemble des positions qu'occupent Jupiter à l'instant t + ε et Saturne à l'instant t + a + ε est lié à l'ensemble des positions qu'occupent Jupiter à l'instant t et Saturne à l'instant t + a, par des lois aussi précises que celle de Newton, quoique plus compliquées.

Dès lors pourquoi me pas regarder l'un de ces ensembles comme la cause de l'autre, ce qui conduirait à considérer comme simultanés l'instant t de Jupiter et l'instant t + a de Saturne ? Il ne peut y avoir à cela que des raisons de commodités et de simplicité, .fort puissantes, il est vrai.

- XII -

Mais passons à ides exemples moins artificiels; pour nous rendre compte de la définition implicitement admise par les savants, voyons-des à l'œuvre et cherchons suivant quelles -règles ils recherchent la simultanéité.

Je prendrai deux exemples simples ; la mesure de la vitesse de la lumière et la détermination des longitudes.

Quand un astronome me dit que tel phénomène stellaire, que son télescope lui révèle en ce moment, s'est cependant passé il y a cinquante ans, je cherche ce qu'il veut dire et pour cela, je lui demanderai d'abord comment il le sait, c'est-à-dire comment il a mesuré la vitesse de la lumière.

Il a commencé par admettre que la lumière a une ; vitesse constante, et en particulier que sa vitesse est la même dans toutes les directions. C'est là un postulat sans lequel aucune mesure de cette vitesse ne pourrait être tentée. Ce postulat ne pourra jamais être vérifié directement par l'expérience; il pourrait être contredit par elle, si les résultats des diverses mesures n'étaient pas concordants. Nous devons nous estimer heureux que cette contradiction n'ait pas lieu et que les petites discordances qui peuvent se produire puissent s'expliquer facilement.

Le postulat, en tout cas, conforme au principe de la raison suffisante, a été accepté partout le monde ; ce que je veux retenir, c'est qu'il nous fournit une règle nouvelle pour la recherche de la simultanéité, entièrement différente de celle que nous avions énoncée plus haut.

Ce postulat admis, voyons comment on a mesuré la vitesse de la lumière. On sait que Rœmer s'est servi des éclipses, des satellites de Jupiter, et a cherché de combien l'événement retardait sur la prédiction.

Mais cette prédiction comment la fait-on ? C'est à l'aide des lois astronomiques, par exemple de la loi de Newton.

Les faits observés ne pourraient-ils pas tout aussi bien s'expliquer si on attribuait à la vitesse de la lumière une valeur un peu différente de la valeur adoptée, et si on admettait que la loi de Newton n'est qu'approchée ? Seulement on serait conduit à remplacer la loi de Newton par une autre plus compliquée.

Ainsi on adopte pour la vitesse de la lumière une valeur telle que les lois astronomiques compatibles avec cette valeur soient aussi simples que possible.

Quand les marins ou les géographes déterminent une

longitude, ils ont précisément à résoudre le problème qui nous occupe ; ils doivent, sans être à Paris, calculer l'heure de Paris.

Comment ' s'y prennent-ils ?

Ou bien ils emportent un chronomètre réglé à Paris. Le problème qualitatif de la simultanéité est ramené au problème quantitatif de la mesure du temps. Je n'ai pas à revenir sur les difficultés relatives à ce dernier problème, puisque j'y ai longuement insisté plus haut.

Ou bien ils observent un phénomène astronomique tel qu'une éclipse de lune et ils admettent que ce phénomène est aperçu simultanément de tous les points du globe.

Cela n'est pas tout à fait vrai, puisque la propagation de la lumière n'est pas instantanée ; si on voulait une exactitude absolue, il y aurait uns correction à faire d'après une règle compliquée.

Ou bien enfin, ils se servent du télégraphe. Il est clair d'abord que la réception du signal à Berlin, par exemple, est postérieure à l'expédition de ce-même signal de Paris. C'est la règle de la cause et de l'effet analysée plus haut.

Mais postérieure, de combien? En général, on néglige la durée de la transmission et on regarde les deux événements comme simultanés. Mais, pour être rigoureux, il faudrait faire encore une petite correction par un calcul compliqué ; on ne la fait pas dans la pratique, parce qu'elle serait beaucoup plus faible que.les erreurs d'observation; sa nécessité théorique n'en subsiste pas moins à notre point de vue, qui est celui d'une définition rigoureuse.

Chapitre II

De cette discussion, je veux retenir deux choses:
1° Les-règles appliquées sont très variées.
2° Il est difficile de séparer le problème qualitatif de la simultanéité du problème quantitatif de la mesure du temps; soit qu'on se serve d'un chronomètre, soit qu'on ait à tenir compte d'une vitesse de transmission, comme celle de la lumière, car on ne saurait mesurer une pareille vitesse sans mesurer un temps.

- XIII -

Il convient de conclure.

Nous n'avons pas l'intuition directe de la simultanéité, pas plus que celle de l'égalité de deux durées.
Si nous croyons avoir cette intuition, c'est une illusion.

Nous y suppléons à l'aide de certaines règles que nous appliquons presque toujours sans nous en rendre compte.
Mais quelle est la nature de ces règles ?

Pas de règle générale, pas de règle rigoureuse ; une multitude de petites règles applicables à chaque cas particulier.

Ces règles ne s'imposent pas à nous et on pourrait s'amuser à en inventer d'autres ; cependant on ne saurait s'en écarter sans compliquer beaucoup l'énoncé des lois de la physique, de la mécanique, de l'astronomie.

Nous choisissons donc ces règles, non parce qu'elles sont vraies, mais parce qu'elles sont les plus commodes, et nous pourrions les résumer en disant :

« La simultanéité de deux événements, ou l'ordre de leur succession, l'égalité de deux durées, doivent être définies de

Henri Poincaré

telle sorte que l'énoncé des lois naturelles soit aussi simple que possible. En d'autres termes, toutes ces règles, toutes ces définitions ne sont que le fruit d'un opportunisme inconscient. »

Chapitre II

Chapitre III

La Notion d'Espace

I. — INTRODUCTION

Dans les articles que j'ai précédemment consacrés à l'espace, j'ai surtout insisté sur les problèmes soulevés par la géométrie non-euclidienne, en laissant presque complètement de côté d'autres questions plus difficiles à aborder, telles que celles qui se rapportent au nombre des dimensions. Toutes les géométries que j'envisageais avaient ainsi un fond commun, ce continuum à trois dimensions qui était le même pour toutes et qui ne se différenciait que par les figures qu'on y traçait ou quand on prétendait le mesurer.

Dans ce coutinuum, primitivement amorphe, on peut imaginer un réseau de lignes et de surfaces, on peut convenir ensuite de regarder les mailles de ce réseau comme égales entre elles, et c'est seulement après cette convention quo ce continuum devenu mesurable, devient l'espace euclidien ou l'espace non-euclidien. De ce continuum amorphe peut donc sortir indifféremment l'un ou l'autre des deux espaces, de même que sur une feuille de papier blanc on peut tracer indifféremment une droite ou un cercle.

Dans l'espace nous connaissons des triangles rectilignes dont la somme des angles est égale à deux droites ; mais nous connaissons également des triangles curvilignes dont la somme des angles est plus petite que deux droites. L'existence des uns n'est pas plus douteuse que celle des autres. Donner aux côtés des premiers le nom de droites, c'est adopter la géométrie euclidienne ; donner aux côtés des derniers le nom de droites, c'est adopter la. géométrie non-euclidienne. De sorte que, demander quelle géométrie convient-il d'adopter, c'est demander ; à quelle ligne convient-il de donner le nom de droite ?

U est évident que l'expérience ne peut résoudre une pareille question ; on ne demanderait pas, par exemple, à l'expérience de décider si je dois appeler une droite AB ou bien CD. D'un autre côté, je ne puis dire non plus que je n'ai pas te droit de donner le nom de droites aux côtés des triangles non-euclidiens, parce qu'ils ne sont pas conformes à l'idée éternelle de droite que je possède par intuition. Je veux bien que j'aie l'idée intuitive du côté du triangle euclidien, mais j'ai également l'idée intuitive du côté du triangle non euclidien. Pourquoi aurai-je le droit d'appliquer le nom de droite à la première de ces idées et pas à la seconde ? En quoi ces deux syllabes feraient-elles partie intégrante de cette idée intuitive ? Évidemment quand nous disons que la droite euclidienne est une vraie droite et que la droite non euclidienne n'est pas une vraie droite, nous voulons dire tout simplement que la première idée intuitive correspond à un objet plus remarquable que la seconde. Mais comment jugeons-nous que cet objet est plus remarquable ? C'est ce que j'ai recherché dans Science et Hypothèse.

C'est là que nous avons vu intervenir l'expérience ; si la droite euclidienne est plus remarquable que la droite non-euclidienne, c'est avant tout qu'elle diffère peu de certains objets naturels remarquables dont la droite non-euclidienne diffère beaucoup. Mais, dira-t-on, la définition de la droite, non-euclidienne est artificielle ; essayons un instant de l'adopter, nous verrons que deux cercles de rayon différent recevront tous deux le nom de droites non-euclidiennes, tandis que de deux cercles de même rayon, l'un pourra satisfaire à la définition sans que l'autre y satisfasse, et alors si nous transportons une de ces soi-disant droites sans la déformer, elle cessera d'être une droite. Mais de quel droit considérons-nous comme égales ces deux figures que les géomètres euclidiens appellent deux cercles de

Henri Poincaré

même rayon ? C'est parce qu'eu transportant l'une d'elles sans la déformer on peut la faire coïncider avec l'autre. Et pourquoi disons-nous que ce transport s'est effectué sans déformation ? Il est impossible d'en donner une bonne raison. Parmi tous les mouvements concevables, il yen a dont les géomètres euclidiens disent qu'ils ne sont pas accompagnés de déformation ; mais il y en a d'autres dont les géomètres non-euclidiens diraient qu'ils ne sont pas accompagnés de déformation. Dans les premiers, dits mouvements euclidiens, les droites euclidiennes restent des droites euclidiennes, et les droites non-euclidiennes ne restent pas des droites non-euclidiennes ; dans les mouvements de la seconde sorte, ou mouvements non-euclidiens, les droites non-euclidiennes restent des droites non-euclidiennes et les droites euclidiennes ne restent pas des droites euclidiennes. On n'a donc pas démontré qu'il était déraisonnable d'appeler droites les côtés des triangles non-euclidiens ; on a démontré seulement que cela serait déraisonnable si on continuait d'appeler mouvements sans déformation les mouvements euclidiens ; mais on aurait montré tout aussi bien qu'il serait déraisonnable d'appeler droites les côtés des triangles euclidiens si l'on appelait mouvements sans déformation les mouvements non-euclidiens.

Maintenant quand' nous disons que les mouvements euclidiens sont les vrais mouvements: sans déformation, que voulons-nous dire ? Nous voulons dire simplement qu'ils sont plus, remarquables que les autres; et pourquoi sont-ils plus remarquables ? c'est parce que certains corps naturels remarquables, les corps solides, subissent des mouvements à peu près pareils.

Et alors quand-nous demandons: peut-om imaginer l'espace non-euclidien ? cela veut dire: pouvons-nous imaginer un: monde où il y aurait des objets naturels remarquables affectant à peu près la forme des droites non-euclidiennes, et des corps naturels remarquables subissant fréquemment des mouvements à peu près pareils aux mouvements non-euclidiens ? J'ai montré dans Science et Hypothèse qu'à cette question il faut répondre oui.

On a souvent observé que si tous les corps de l'Univers venaient à se dilater simultanément et dans la même proportion, nous n'aurions aucun moyen de nous en apercevoir, puisque tous nos instruments de mesure grandiraient on même temps que les objets mêmes qu'ils servent à mesurer. Le monde, après cette dilatation, continuerait son train sans que rien vienne nous avertir d'un événement aussi considérable.

En d'autres termes, deux mondes qui seraient semblables l'un à l'autre (en entendant le mot similitude au sens du ce livre de géométrie) seraient absolument indiscernables. Mais il y a plus, non seulement des mondes seront indiscernables s'ils sont égaux ou semblables, c'est-à-dire si l'on peut passer de l'un à l'autre en changeant les axes de coordonnées, ou en changeant l'échelle à laquelle sont rapportées les longueurs; mais ils seront encore indiscernables si l'on peut passer de l'un à l'autre par une « transformation ponctuelle » quelconque. Je m'explique. Je suppose qu'à chaque point de l'un corresponde un point de l'autre et un seul, et inversement ; et de plus que les coordonnées d'un point soient des fonctions continues, d'ailleurs tout à fait quelconques des coordonnées du point correspondant. Je suppose d'autre part qu'à chaque objet du premier monde, corresponde dans le second un objet de même nature placé précisément au point correspondant. Je suppose enfin que celte correspondance réalisée à l'instant initial, se conserve indéfiniment. Nous n'aurions aucun

Henri Poincaré

moyen de discerner ces deux mondes l'un de l'autre. Quand on parle de la relativité de l'espace, on ne l'entend pas d'ordinaire dans un sens aussi large ; c'est ainsi cependant qu'il conviendrait de l'entendre.

Si l'un de ces univers est notre monde euclidien, ce que ses habitants appelleront droite, ce sera notre droite euclidienne ; mais ce que les habitants du second monde appelleront- droite, ce sera une courbe qui jouira des mêmes propriétés par rapport au monde qu'ils habitent et par rapport aux mouvements qu'ils appelleront mouvements sans déformation ; leur géométrie sera donc la géométrie euclidienne, mais leur droite ne sera pas notre droite euclidienne. Ce sera sa transformée par la transformation ponctuelle qui fait passer de notre monde au leur; les droites de ces hommes ne seront pas nos droites, mais elles auront entre elles les mômes rapports que nos droites entre elles, c'est dans ce sens que je dis que leur géométrie sera la nôtre. Si alors nous voulons à toute force proclamer qu'ils se trompent, que leur droite n'est pas la vraie droite, si nous ne voulons pas confesser qu'une pareille affirmation n'a aucun sens, du moins devrons-nous avouer que ces gens n'ont aucune espèce de moyen de s'apercevoir de leur erreur.

2. - LA GÉOMÉTRIE QUALITATIVE

Tout cela est relativement facile à comprendre et je l'ai déjà si souvent répété que je crois inutile de m'étendre davantage sur ce sujet. L'espace euclidien n'est pas une forme imposée à notre sensibilité, puisque nous pouvons imaginer l'espace non-euclidien ; mais les deux espaces euclidien et non-euclidien ont un fond commun, c'est ce continuun; amorphe dont je parlais au début; de ce continuum nous pouvons tirer soit l'espace euclidien, soit l'espace lobatchewskien, de même que nous pouvons, en y traçant une graduation convenable, transformer un thermomètre non gradué soit en thermomètre Fahrenheit, soit en thermomètre Réaumur.

Et alors une question se pose: ce continuum amorphe, que notre analyse a laissé subsister, n'est-il pas une forme imposée à notre sensibilité ? Nous aurions élargi la prison dans laquelle cette sensibilité est enfermée, mais ce serait toujours une prison.

Ce continu possède un certain nombre de propriétés, exemptes de toute idée de mesure. L'étude de ces propriétés est l'objet d'une science qui a été cultivée par plusieurs grands géomètres et en particulier par Riemann et Betti et qui a reçu le nom d'Analysis Sitùs. Pans cette science, on fait abstraction de toute idée quantitative et par exemple, si on constate que sûr une ligne le point B est entre les points A et C, on se contentera de cette constatation et on ne s'inquiétera pas de savoir si la ligne ABC est droite ou courbe, ni si la longueur AB est égale à la longueur BC, ou si elle est deux fois plus grande.

Les théorèmes de l'Analysis Sitùs ont donc ceci de particulier qu'ils resteraient vrais si les figures étaient copiées par un dessinateur malhabile qui altérerait grossièrement toutes les proportions et remplacerait les droites par des lignes plus où moins sinueuses. En termes mathématiques, ils ne sont pas altérés par une « transformation ponctuelle» quelconque. On a dit souvent que la géométrie métrique était quantitative, tandis que la géométrie projective était purement qualitative ; cela n'est pas tout à fait vrai: ce qui distingue la droite des autres lignes, ce sont encore des propriétés qui restent quantitatives à certains égards. La véritable géométrie qualitative c'est donc l'Analysis Sitùs.

Henri Poincaré

Les mêmes questions qui se posaient à propos des vérités de la géométrie euclidienne, se posent de nouveau à propos des théorèmes de l'Analysis Sitùs. Peuvent-ils être obtenus par un raisonnement déductif? Sont-ce des conventions déguisées? Sont-ce des vérités expérimentales? Sont-ils les caractères d'une forme imposée soit à notre sensibilité, soit à notre entendement ?

Je veux simplement observer que les deux dernières solutions s'excluent, ce dont tout le monde ne s'est pas toujours bien rendu compte. Nous ne pouvons pas admettre à la fois qu'il est impossible d'imaginer l'espace à quatre dimensions et que l'expérience nous démontre que l'espace a trois dimensions. L'expérimentateur pose à la nature une interrogation : est-ce ceci ou cela ? et il ne peut la poser sans imaginer les deux termes de l'alternative. S'il était impossible de s'imaginer l'un de ces termes, il serait inutile et d'ailleurs impossible de consulter l'expérience. Nous n'avons pas besoin d'observation pour savoir que l'aiguille d'une horloge n'est pas sur la division 15 du cadran, puisque nous savons d'avance qu'il n'y en a que 12, et nous ne pourrions pas regarder à la division 15 pour voir si l'aiguille s'y trouve, puisque cette division n'existe pas.

Remarquons également qu'ici les empiristes sont débarrassés de l'une des objections les plus graves qu'on peut diriger contre eux, de celle qui rend absolument vains d'avance tous leurs efforts pour appliquer leur thèse aux vérités de la géométrie euclidienne. Ces vérités sont rigoureuses et toute expérience ne peut être qu'approchée. En Analysis Sitùs les expériences approchées peuvent suffire pour donner un théorème rigoureux et, par exemple, si l'on voit que l'espace ne peut avoir ni deux ou moins de deux dimensions, ni quatre ou plus de quatre, ou est certain qu'il en a exactement 3, car il ne saurait en avoir 2 et demi ou 3 et demi.

De tous les théorèmes de l'Analysis Sitùs, le plus important est celui que l'on exprime en disant que l'espace a trois dimensions. C'est de celui-là que nous allons nous occuper, et nous poserons la question en ces termes : Quand nous disons que l'espace a trois dimensions, qu'est-ce que nous voulons dire ?

3. - LE CONTINU PHYSIQUE A PLUSIEURS DIMENSIONS

J'ai expliqué dans Science et Hypothèse d'où nous vient la notion de la continuité physique et comment a pu en sortir celle de la continuité mathématique. Il arrive que nous sommes capables de distinguer deux impressions l'une de l'autre, tandis que nous ne saurions distinguer chacune d'elles d'une même troisième. C'est ainsi que nous pouvons discerner facilement un poids de 12 grammes d'un poids de 10 grammes, tandis qu'un poids de il grammes ne saurait se distinguer ni de l'un, ni de l'autre.

Une pareille constatation, traduite en symboles, s'écrirait: A = B, B = C, A < C. Ce serait là la formule du continu physique, tel que nous le donne l'expérience brute, d'où une contradiction intolérable que l'on a levée par l'introduction du continu mathématique. Celui-ci est une échelle dont les échelons (nombres commensurables ou incommensurables) sont en nombre infini, mais sont extérieurs les uns aux autres, au lieu d'empiéter les uns sur les autres comme le font, conformément à la formule précédente, les éléments du continu physique.

Le continu physique est pour ainsi dire une nébuleuse

Henri Poincaré

non résolue, les instruments les plus perfectionnés ne pourraient parvenir à la résoudre ; 6ans doute si on évaluait les poids avec une bonne balance, au lieu de les apprécier à la main, on distinguerait le poids de 11 grammes de ceux de 10 et de 12 grammes et notre formule deviendrait: A < B, B < C, A < C. Mais on trouverait toujours entre A et B et entre B et C de nouveaux éléments D et E tels que : A = D, D = B, A < B ; B = E, E = C, B < C, et la difficulté n'aurait fait que reculer et la nébuleuse ne serait toujours pas résolue ; c'est l'esprit seul qui peut la résoudre et c'est le continu mathématique qui est la nébuleuse résolue en étoiles.

Jusqu'à présent toutefois nous n'avoue pas introduit la notion du nombre des dimensions Que voulons-nous dire quand nous disons qu'un continu mathématique on qu'un continu physique a deux ou trois dimension ?

Il faut d'abord que nous introduisions la notion de coupure, en nous attachant d'abord à l'étude des continus physiques. Nous avons vu ce qui caractérise le continu physique, chacun des éléments de ce continu consiste en un ensemble d'impressions ; et il peut arriver ou bien qu'un élément ne peut pas être discerné d'un autre élément du même continu, si ce nouvel élément correspond à un ensemble d'impressions trop peu différentes, ou bien au contraire que la distinction est possible ; enfin il peut se faire que deux éléments, indiscernables d'un même troisième, peuvent néanmoins être discernés l'un de l'autre.

Cela posé, si A et B sont deux éléments discernables d'un continu C, on pourra trouver une série d'éléments E_1, E_2, ..., E_n appartenant tous à ce même continu C et tels que chacun d'eux est indiscernable du précédent, que E_1 est indiscernable de A et E_n indiscernable de B. On pourra donc aller de A à B par un chemin continu et sans quitter G. Si cette condition est remplie pour deux éléments quelconques A et B du continu C, nous pourrons dire que ce continu C est d'un seul tenant.

Distinguons maintenant quelques-uns des éléments de C qui pourront ou bien être tous discernables les uns des autres, ou former eux-mêmes un ou plusieurs continus. L'ensemble des éléments ainsi choisis arbitrairement parmi tous ceux de C formera ce que j'appellerai la ou les coupures.

Reprenons sur C deux éléments quelconques A et B. Ou bien nous pourrons encore trouver une série d'éléments E_1, E_2, ... E_n tels : 1° qu'ils appartiennent tous à C; 2° que chacun d'eux soit indiscernable du suivant; E_1 indiscernable de A et E_n de B; 3° et en outre qu'aucun des éléments E ne soit indiscernable d'aucun des éléments de la coupure. Ou bien au contraire dans toutes les séries E_1, E_2, .., E_n satisfaisant aux deux premières conditions, il y aura un élément E indiscernable de l'un des éléments de la coupure.

Dans le 1er cas, nous pouvons aller de A à B par un chemin continu sans quitter C et sans rencontrer les coupures; dans le second cas cela est impossible.

Si alors pour deux éléments quelconques A et B du continu C, c'est toujours le premier cas qui se présente, nous dirons que C reste d'un seul tenant malgré les coupures.

Ainsi si nous choisissons les coupures d'une certaine manière, d'ailleurs arbitraire, il pourra 6e faire ou bien que le continu reste d'un seul tenant ou qu'il ne reste pas d'un seul tenant; dans cette dernière hypothèse nous dirons alors qu'il est divisé par les coupures.

On remarquera que toutes ces définitions sont construites eu partant uniquement de ce fait très simple, que deux ensembles d'impressions, tantôt peuvent être discernés, tantôt ne peuvent pas l'être.

Cela posé, si pour diviser un continu, il suffit de considérer comme coupures un certain nombre d'éléments tous discernables les uns des autres, on dit que ce continu est à une dimension; si au contraire pour diviser un continu, il est nécessaire de considérer comme coupures un système d'éléments formant eux-mêmes un ou plusieurs continus, nous dirons que ce continu est à plusieurs dimensions.

Si pour diviser un continu C, il suffit de coupures formant un ou plusieurs continus à une dimension, nous dirons que C est un continu à deux dimensions; s'il suffit de coupures, formant un ou plusieurs continus à deux dimensions au plus, nous dirons que C est un continu à trou dimensions; et ainsi de suite.

Pour justifier cette définition, il faut voir si c'est bien ainsi que les géomètres introduisent la notion des trois dimensions au début de leurs ouvrages. Or, que voyons-nous? Le plus souvent ils commencent par définir les surfaces comme les limites des volumes, ou parties de l'espace, les lignes comme les limites des surfaces, les points comme limites des lignes, et ils affirment que le même processus ne peut être poussé plus loin.

C'est bien la même idée ; pour diviser l'espace, il faut des coupures que l'on appelle surfaces; pour diviser les surfaces il faut des coupures que l'on appelle lignes; pour diviser les lignes, il faut des coupures que l'on appelle points; on ne peut aller plus loin et le point ne peut être divisé, le point n'est pas un continu ; alors les lignes, qu'on peut diviser par des coupures qui ne sont pas des continus, seront des continus à une dimension; les surfaces que l'on peut diviser par des coupures continues à une dimension, seront des continus à deux dimensions, enfin l'espace que l'on peut diviser par des coupures continues à deux dimensions sera un continu à trois dimensions.

Ainsi la définition que je viens de donner ne diffère pas essentiellement des définitions habituelles; j'ai tenu seulement à lui donner une forme applicable non au continu mathématique, mais au continu physique, qui est seul susceptible de représentation et cependant .à lui conserver toute sa précision.

On voit, d'ailleurs, que cette définition ne s'applique pas seulement à l'espace, que dans tout ce qui tombe sous nos sens, nous retrouvons les caractères du continu physique, ce qui permettrait la même classification ; il serait aisé d'y trouver des exemples de continus de quatre, de cinq dimensions, au sens de la définition précédente ; ces exemples se présentent d'eux-mêmes à l'esprit.

J'expliquerais enfin, si j'en avais le temps, que cette science dont je parlais plus haut et à laquelle Riemann a donné le nom d'Analysis Sitùs, nous apprend à faire des distinctions parmi les continus d'un même nombre de dimensions et que la classification de ces continus repose encore sur la considération des coupures.

De cette notion est sortie celle du continu mathématique à plusieurs dimensions de la même façon que le continu physique à une dimension avait engendré le continu mathématique à une dimension. La formule $A > C$, $A =$

Henri Poincaré

B, B = C qui résumait les données brutes de l'expérience impliquait une contradiction intolérable. Pour s'en affranchir, il a fallu introduire une notion nouvelle en respectant d'ailleurs les caractères essentiels du continu physique à plusieurs dimensions. Le continu mathématique à une dimension comportait une échelle unique dont les échelons en nombre infini correspondaient aux diverses valeurs commensurables ou non d'une même grandeur.

Pour avoir le continu mathématique à n dimensions, il suffira de prendre n pareilles échelles dont les échelons correspondront aux diverses valeurs de n grandeurs indépendantes appelées coordonnées. On aura ainsi une image du continu physique à n dimensions, et cette image sera aussi fidèle qu'elle peut l'être du moment qu'on ne veut pas laisser subsister la contradiction dont je parlais plus haut.

4. - LA NOTION DE POINT

Il semble maintenant que là question que nous nous posions au début est résolue. Quand nous disons que l'espace a trois dimensions, dira-t-on, nous voulons dire que l'ensemble des points de l'espace satisfait à la définition que nous venons de donner du continu physique à trois dimensions. Se contenter de cela, ce serait supposer que nous savons ce que c'est que l'ensemble des points de l'espace, ou même qu'un point de l'espace.

Or, cela n'est pas aussi simple qu'on pourrait le croire. Tout le monde croit savoir ce que c'est qu'un point, et c'est même parce que nous le savons trop bien que nous croyons n'avoir pas besoin de le définir. Certes on ne peut pas exiger de nous que nous sachions le définir, car en remontant de définition en définition il faut bien qu'il arrive un moment où l'on s'arrête. Mais à quel moment doit-on s'arrêter?

On s'arrêtera d'abord quand on arrivera à un objet qui tombe sous nos sens ou que nous pouvons nous représenter; la définition deviendra alors inutile, on ne définit pas le mouton à un enfant, on lui dit: voici un mouton.

Et alors, nous devons nous demander s'il est possible de se représenter un point de l'espace. Ceux qui répondent oui ne réfléchissent pas qu'ils se représentent en réalité un point blanc fait avec la craie sur un tableau noir ou un point noir fait avec une plume sur un papier blanc, et qu'ils ne peuvent se représenter qu'un objet ou mieux les impressions que cet objet ferait sur leurs sens.

Quand ils cherchent à se représenter un point, ils se représentent les impressions que leur feraient éprouver des objets très petits. Il est inutile d'ajouter que deux objets différents, quoique l'un et l'autre très petits, pourront produire des impressions extrêmement différentes, mais je n'insiste pas sur cette difficulté qui exigerait pourtant quelque discussion.

Mais ce n'est pas de cela qu'il s'agit ; il ne suffit pas de se représenter un point, il faut se représenter tel point et avoir le moyen de le distinguer d'un autre point. Et en effet, pour que nous puissions appliquer à un continu la règle que j'ai exposée plus haut et par laquelle on peut reconnaître le nombre de ses dimensions, nous devons nous appuyer sur ce fait que deux éléments de ce continu tantôt peuvent et tantôt ne peuvent pas être discernés. Il faut donc que nous sachions dans certains cas nous représenter tel élément et le distinguer d'un autre élément.

Henri Poincaré

La question est de savoir si le point que je me représentais il y a une heure, est le même que celui que je me représente maintenant ou si c'est un point différent. En d'autres termes, comment savons-nous si le point occupé par l'objet A à l'instant α est le même que le point occupé par l'objet B à l'instant β, ou mieux encore, qu'est-ce que cela veut dire ?

Je suis assis dans ma chambre, un objet est posé sur ma table ; je ne bouge pas pendant une seconde, personne ne touche à l'objet; je suis tenté de dire que le point A qu'occupait cet objet au début de cette seconde est identique au point B qu'il occupe à la fin; pas du tout : du point A au point B il y a 30 kilomètres, car l'objet a été entraîné dans le mouvement de la Terre. Nous ne pourrons savoir si un objet, très petit ou non, n'a pas changé de position absolue dans l'espace, et non seulement nous ne pouvons l'affirmer, mais cette affirmation n'a aucun sens et en tout cas ne peut correspondre à aucune représentation.

Mais alors nous pouvons nous demander si la position relative d'un objet par rapport à d'autres objets a varié ou non, et d'abord si la position relative de cet objet par rapport à notre corps a varié ; si les impressions que nous cause cet objet n'ont pas changé, nous serons enclins à juger que cette position relative n'a pas changé non plus; si elles ont changé, nous jugerons que cet objet a changé soit d'état, soit de position relative. Il reste à décider lequel des deux. J'ai expliqué dans Science et Hypothèse comment nous avons été amenés à distinguer les changements de position. J'y reviendrai d'ailleurs plus loin. Nous arrivons donc à savoir si la position relative d'un objet par rapport à notre corps est ou non restée la même.

Si maintenant nous voyons que deux objets ont conservé

leur position relative par rapport à notre corps, nous concluons que la position relative de ces deux objets l'un par rapport à l'autre n'a pas changé; mais nous n'arrivons à cette conclusion que par un raisonnement indirect. La seule chose que nous connaissions directem.al c'est la position relative des objets par rapporta notre corps.

A fortiori ce n'est que par un raisonnement indirect que nous croyons savoir (et encore cette croyance est-elle trompeuse) si la position absolue de l'objet a changé.

En somme, le système d'axes de coordonnées auxquels nous rapportons naturellement tous les objets extérieurs, c'est un système d'axes invariablement lié à notre corps, et que nous transportons partout avec nous.

Il est impossible de se représenter l'espace absolu; quand je veux me représenter simultanément des objets et moi-même en mouvement dans l'espace absolu, en réalité je me représente moi-même immobile et regardant se mouvoir autour de moi divers objets et un homme qui est extérieur à moi, mais que je conviens d'appeler moi.

La difficulté sera-t-elle résolue quand on consentira à tout rapporter à ces axes liés à notre corps? Savons-nous cette fois ce que c'est qu'un point défini ainsi par sa position relative par rapport à nous. Bien des gens répondront oui et diront qu'ils « localisent » les objets extérieurs.

Qu'est-ce à dire ? Localiser un objet, cela veut dire simplement se représenter les mouvements qu'il faudrait faire pour l'atteindre ; je m'explique ; il ne s'agit pas de se représenter les mouvements eux-mêmes dans l'espace, mais uniquement de se représenter les sensations musculaires qui accompagnent ces mouvements et qui ne supposent pas la préexistence de la notion d'espace.

Si nous supposons deux objets différents qui viennent successivement occuper la même position relative par rapport à nous, les impressions que nous causeront ces deux objets seront très différentes; si nous les localisons au même point, c'est simplement parce qu'il faut faire les mêmes mouvements pour les atteindre ; à part cela, on ne voit pas bien ce qu'ils pourraient avoir de commun.

Mais, étant donné un objet, on peut concevoir plusieurs séries différentes de mouvements qui permettraient également de l'atteindre. Si alors nous nous représentons un point, en nous représentant la série des sensations musculaires qui accompagneraient les mouvements qui permettraient d'atteindre ce point, On aura plusieurs manières entièrement différentes de se représenter un même point. Si l'on ne veut pas se contenter de cette solution, si on veut faire intervenir par exemple les sensations visuelles à côté des sensations musculaires, on aura une ou deux manières de plus de se représenter ce même point et la difficulté n'aura fait qu'augmenter. De toutes façons, la question suivante se pose : pourquoi jugeons-nous que toutes ces représentations si différentes les unes des autres représentent pourtant un même point?

Autre remarque: je viens de dire que c'est à notre propre corps que nous rapportons naturellement les objets extérieurs; que nous transportons pour ainsi dire partout avec nous un système d'axes auxquels nous rapportons tous les points de l'espace, et que ce système d'axes est comme invariablement lié à notre corps. On doit observer que rigoureusement l'on ne pourrait parler d'axes invariablement Mes au corps que si les diverses parties de ce corps étaient elles-mêmes invariablement liées l'une à l'autre. Comme il n'en est pas ainsi, nous devons, avant de rapporter les objets extérieurs à ces axes fictifs, supposer notre corps ramené à la même attitude.

5. - LA NOTION DU DÉPLACEMENT

J'ai montré dans Science et Hypothèse le rôle prépondérant joué par les mouvements de notre corps dans la genèse de la notion d'espace. Pour un être complètement immobile, il n'y aurait ni espace, ni géométrie ; c'est en vain qu'autour de lui les objets extérieurs se déplaceraient, les variations que ces déplacements feraient subir à ses impressions ne seraient pas attribuées par cet être à des changements de position, mais à dé simples changements d'état, cet être n'aurait aucun moyen de distinguer ces deux sortes de changements, et cette distinction, capitale pour nous, n'aurait aucun sens pour lui.

Les mouvements que nous imprimons à nos membres ont pour effet de faire varier les impressions produites sur nos sens par les objets extérieurs; d'autres causes peuvent également les faire varier; mais nous sommes amenés à distinguer les changements produits par nos propres mouvements et nous les discernons facilement pour deux raisons: 1° parce qu'ils sont volontaires; 2° parce qu'ils sont accompagnés de sensations musculaires.

Ainsi nous répartissons naturellement les changements que peuvent subir nos impressions en deux catégories que j'ai appelées d'un nom peut être impropre : 1° les changements internes, qui sont volontaires et accompagnés de sensations musculaires; 2° les changements externes, dont les caractères sont opposés.

Nous observons ensuite que parmi les changements

Henri Poincaré

externes, il y en a qui peuvent être corrigés grâce à un changement interne qui ramène tout à l'état primitif; d'autres ne peuvent pas être corrigés de la sorte (c'est ainsi que quand un objet extérieur s'est déplacé, nous pouvons en nous déplaçant nous-mêmes nous replacer par rapport à cet objet dans la même situation relative de façon à rétablir l'ensemble des impressions primitives; si cet objet ne s'est pas déplacé, mais a changé d'état, cela est impossible). De là une nouvelle distinction, parmi les changements externes: ceux qui peuvent être ainsi corrigés, nous les appelons changements de position; et les autres, changements d'état.

Supposons, par exemple, une sphère dont un hémisphère soit bleu et l'autre rouge ; elle nous présente d'abord l'hémisphère bleu; puis elle tourne sur elle-même de façon à nous présenter l'hémisphère rouge. Soit maintenant un vase sphérique contenant un liquide bleu qui devient rouge par suite d'une réaction chimique. Dans les deux cas la sensation du rouge a remplacé celle du bleu; nos sens ont éprouvé les mêmes impressions qui se sont succédé dans le même ordre, et pourtant ces deux changements sont regardés par nous comme très différents; le premier est un déplacement, le second un changement d'état. Pourquoi?

Parce que, dans le premier cas, il me suffit de tourner autour de la sphère pour me placer vis-à-vis de l'hémisphère rouge et rétablir la sensation rouge primitive.

Bien plus, si les deux hémisphères, au lieu d'être rouge et bleu, avaient été jaune et vert, comment se serait traduite pour moi la rotation de la sphère ? Tout à l'heure le rouge succédait au bleu, maintenant le vert succède au jaune ; et cependant je dis que les deux sphères ont éprouvé la même rotation, que l'une comme l'autre ont tourné autour de leur axe ; je ne puis pourtant pas dire que le vert soit au jaune comme le rouge est au bleu; comment alors suis-je conduit à juger que les deux sphères ont subi le même déplacement?

Évidemment, parce que, dans un cas comme dans l'autre, je puis rétablir la sensation primitive en tournant autour de la sphère, en faisant les mêmes mouvements, et je sais que j'ai fait les mêmes mouvements parce que j'ai éprouvé les mêmes sensations musculaires; pour le savoir je n'ai donc pas besoin de savoir la géométrie d'avance et de me représenter les mouvements de mon corps dans l'espace géométrique.

Autre exemple. Un objet s'est déplacé devant mon œil, son imr.ge se formait d'abord au centre de la rétine ; elle se forme ensuite au bord; la sensation ancienne m'était apportée par. une fibre nerveuse aboutissant au centre de la rétine ; la sensation nouvelle m'est apportée par une autre fibre nerveuse partant du bord de la rétine ; ces deux sensations sont qualitativement différentes; et sans cela comment pourrais-je les distinguer?

Pourquoi alors suis-je conduit à juger que ces deux sensations, qualitativement différentes, représentent une même image qui s'est déplacée ? C'est parce que je puis suivre l'objet de l'œil et, par un déplacement de l'œil volontaire et accompagné de sensations musculaires, ramener l'image au centre de la rétine et rétablir la sensation primitive.

Je suppose que l'image d'un objet rouge soit allée du centre A au bord B de la rétine, puis que l'image d'un objet bleu aille à son tour du centre A au bord B de la rétine ; je jugerai que ces deux objets ont subi le même déplacement. Pourquoi? parce que, dans un cas comme dans l'autre,

Henri Poincaré

j'aurai pu rétablir la sensation primitive, et que pour cela j'aurai dû exécuter le même mouvement de l'œil, et je saurai que mon œil a exécuté le même mouvement parce que j'ai éprouvé les mêmes sensations musculaires.

Si je ne pouvais mouvoir mon œil, aurais-je quelque raison d'admettre que la sensation du rouge au centre de la rétine est à la sensation du rouge au bord de la rétine, comme celle du bleu au centre est à celle du bleu au bord? Je n'aurais que quatre sensations qualitativement différentes, et si l'on me demandait si elles sont liées par la proportion que je viens d'énoncer, la question me semblerait ridicule, tout comme si l'on me demandait s'il y a une proportion analogue entre une sensation auditive, une sensation tactile et une sensation olfactive.

Envisageons maintenant les changements internes, c'est-à-dire ceux qui sont produits par les mouvements volontaires de notre corps et qui sont accompagnés de changements musculaires; ils donneront lieu aux deux observations suivantes, analogues à celles que nous venons de faire au sujet des changements externes.

1° Je puis supposer que mon corps se soit transporté d'un point à un autre, mais en conservant la même attitude, toutes les parties de ce corps ont donc conservé ou repris la même situation relative, bien que leur situation absolue dans l'espace ait varié; je puis supposer également que non seulement la position de mon corps a changé, mais que son attitude n'est plus la même, que par exemple mes bras qui tout à l'heure étaient repliés soient maintenant allongés.

Je dois donc distinguer les simples changements de position sans changement d'attitude, et les changements d'attitude. Les uns et les autres m'apparaissent sous forme

Chapitre III

de sensations musculaires. Comment alors suis-je amené à les distinguer? C'est que les premiers peuvent servir à corriger un changement externe, et que les autres ne le peuvent pas ou du moins ne peuvent donner qu'une correction imparfaite.

C'est là un fait que je vais expliquer, comme je l'expliquerais à quelqu'un qui saurait déjà la géométrie, mais il ne faut pas en conclure qu'il faut déjà savoir la géométrie pour faire cette distinction; avant de la savoir, je constate le fait (expérimentalement pour ainsi dire) sans pouvoir l'expliquer. Mais pour faire la distinction entre les deux sortes de changement, je n'ai pas besoin d'expliquer le fait, il me suffit de le constater.

Quoi qu'il en soit, l'explication est aisée. Suppo sons qu'un objet extérieur se soit déplacé; si nous voulons que les diverses parties de notre corps reprennent par rapport à cet objet leur position relative initiale, il faut que ces diverses parties aient repris également leur position relative initiale les unes par rapport aux autres. Seuls les changements internes qui satisferont à cette dernière condition, seront susceptibles de corriger le changement externe produit par le déplacement de cet objet. Si donc la position relative de mon œil par rapport à mon doigt a changé, je pourrai bien ramener l'œil dans sa situation relative initiale par rapport à l'objet et rétablir ainsi les sensations visuelles primitives, mais alors la position relative du doigt par rapport à l'objet aura changé et les sensations tactiles ne seront pas rétablies.

2° Nous constatons également qu'un même changement externe peut être corrigé par deux changements internes correspondant à des sensations musculaires différentes. Ici encore je puis faire cette constatation sans savoir la géométrie: et je n'ai pas besoin d'autre chose, mais je vais donner l'explication du fait en employant le langage géométrique. Pour passer de la position A à la position B je puis prendre plusieurs chemins. Au premier de ces chemins correspondra une série S de sensations musculaires; à un second chemin, correspondra une autre série S" de sensations musculaires qui généralement seront complètement différentes, puisque ce seront d'autres muscles qui seront entrés en jeu.

Comment suis-je amené à regarder ces deux séries S et S" comme correspondant à un même déplacement AB? C'est parce que ces deux séries sont susceptibles de corriger un même changement externe. A part cela, elle n'ont rien de commun.

Considérons maintenant deux changements externes: α et β qui seront par exemple la rotation d'une sphère mi-partie bleue et rouge, et celle d'une sphère mi-partie jaune et verte ; ces deux changements n'ont rien de commun puisque l'un se traduit pour nous par le passage du bleu au rouge et l'autre par le passage du jaune au vert. Envisageons d'autre part deux séries de changements internes S et S"; ils n'auront non plus rien de commun. Et cependant je dis que α et β correspondent au même déplacement, et que S et S" correspondent aussi au même déplacement. Pourquoi? Tout simplement parce que S peut corriger β aussi bien que α et parce que peut être corrigé par S" aussi bien que par S. Et alors une question se pose : si j'ai constaté que S corrige α et β et que S" corrige α, suis-je certain que S" corrige également β ? L'expérience peut seule nous apprendre si cette loi se vérifie. Si elle ne se vérifiait pas, au moins approximativement, il n'y aurait pas de géométrie, il n'y aurait pas d'espace, parce que nous n'aurions plus intérêt à classer les changements externes et internes comme je viens de le faire, et, par exemple à distinguer les changements d'état des changements de position.

Il est intéressant de voir quel a été dans tout cela le rôle de l'expérience. Elle m'a montré qu'une certaine loi se vérifie approximativement. Elle ne m'a pas appris comment est l'espace et qu'il satisfait à la condition dont il s'agit. Je savais en effet, avant toute expérience, que l'espace satisfera à celte condition ou qu'il ne sera pas, je ne puis pas dire non plus que l'expérience m'a appris que la géométrie est possible ; je vois bien que la géométrie est possible puisqu'elle n'implique pas contradiction; l'expérience m'a appris seulement que la géométrie est utile.

6. - L'ESPACE VISUEL

Bien que les impressions motrices aient, comme je viens de l'expliquer, eu une influence tout à fait prépondérante dans la genèse de la notion d'espace que n'aurait jamais pris naissance sans elles, il ne sera pas sans intérêt d'examiner aussi le rôle des impressions visuelles et de rechercher combien « l'espace visuel » a de dimensions, et d'appliquer pour cela à ces impressions la définition du §3.

Une première difficulté se présente ; considérons une sensation colorée rouge affectant un certain point de la rétine ; et d'autre part une sensation colorée bleue affectant le même point de la rétine. Il faut bien que nous ayons quelque moye de reconnaître que ces deux sensations, qualitativement différentes, ont quelque chose de commun Or, d'après les considérations exposées dans le paragraphe précédent, nous n'avons pu le reconnaître que par les mouvements de l'œil et les observations auxquelles ils ont donné lieu. Si l'œil était immobile, ou si nous n'avions pas conscience de ses mouvements, nous n'aurions pu reconnaître que ces deux sensations de qualité différente avaient quelque chose de commun ; nous n'aurions pu en dégager ce qui leur donne un caractère géométrique. Les sensations visuelles, sans les sensations musculaires, n'auraient donc rien de géométrique, de sorte qu'on peut dire qu'il n'y a pas d'espace visuel pur.

Pour lever cette difficulté, n'envisageons que des sensations de même nature, des sensations rouges, par exemple, ne différant les unes des autres que par le point de la rétine qu'elles affectent. Il est clair que je n'ai aucune raison pour faire un choix aussi arbitraire parmi toutes les sensations visuelles possibles, pour réunir dans une même classe toutes les sensations de même couleur, quel que soit le point de la rétine affecté. Je n'y aurais jamais songé, si je n'avais pas appris d'avance, par le moyen que nous venons de voir, à distinguer les changements d'état des changements de position, c'est-à-dire si mon œil était immobile. Deux sensations de même couleur affectant deux parties différentes de la rétine m'apparaîtraient comme qualitativement distinctes, au même titre que deux sensations de couleur différente.

En me restreignant aux sensations rouges, je m'impose donc une limitation artificielle et je néglige systématiquement tout un côté de la question; mais ce n'est que par cet artifice que je puis analyser l'espace visuel sans y mêler de sensation motrice.

Imaginons une ligne tracée sur la rétine, et divisant en deux sa surface ; et mettons à part les sensations rouges affectant un point de cette ligne, ou celles qui en diffèrent trop peu pour en pouvoir être discernées. L'ensemble de ces sensations formera une sorte de coupure que j'appellerai C, et il est clair que cette coupure suffit pour diviser l'ensemble des sensations rouges possibles, et que si je prends deux sensations rouges affectant deux points situés de part et d'autre de la ligne, je ne pourrai passer de l'une de ces sensations à l'autre d'une manière continue sans passer à un certain moment par une sensation appartenant à la coupure.

Si donc la coupure a n dimensions, l'ensemble total de mes sensations rouges, ou si l'on veut, l'espace visuel total en aura $n + 1$.

Maintenant, je distingue les sensations rouges affectant un point de la coupure C. L'ensemble de ces sensations formera une nouvelle coupure C'. Il est clair que celle-ci divisera la coupure C, en donnant toujours au mot diviser le même sens.

Si donc la coupure C' a n dimensions, la coupure C en aura $n + 1$ et l'espace visuel total $n + 2$.

Si toutes les sensations rouges affectant un même point de le rétine étaient regardées comme identiques, la coupure C' se réduisant à un élément unique aurait o dimension, et l'espace visuel en aurait 2.

Et pourtant le plus souvent on dit que l'œil nous donne le sentiment d'une troisième dimension, et nous permet dans une certaine mesure de reconnaître la distance des objets. Quand on cherche à analyser ce sentiment, on constate qu'il se réduit soit à la conscience de la convergence des yeux, soit à celle de l'effort d'accommodation que fait le muscle ciliaire pour mettre l'image au point.

Deux sensations rouges affectant le même point de la rétine ne seront donc regardées comme identiques que si elles sont

Henri Poincaré

accompagnées d'une même sensation de convergence et aussi d'une même sensation d'effort d'accommodation ou du moins de sensation de convergence et d'accommodation assez peu différentes pour ne pouvoir être discernées.

A ce compte, la coupure C' est elle-même un continu et la coupure C a plus d'une dimension.

Mais il arrive justement que l'expérience nous apprend que, quand deux sensations visuelles sont accompagnées d'une même sensation de convergence, elles sont également accompagnées d'une même sensation d'accommodation.

Si alors nous formons une nouvelle coupure C'' avec toutes celles des sensations de la coupure C' qui sont accompagnées d'une certaine sensation de convergence, d'après la loi précédente, elles seront toutes indiscernables et pourront être regardées comme identiques ; donc C'' ne sera pas un continu et aura o dimension ; et comme C' divise C il en résultera que C' en a une, C deux et que l'espace visuel total en a trois.

Mais en serait-il de même si l'expérience nous avait appris le contraire et si une certaine sensation convergence n'était pas toujours accompagnée d'une même sensation d'accommodation? Dans ce cas deux sensations affectant le même point de la rétine et accompagnées d'un môme gentiment de convergence, deux sensations qui par conséquent appartiendraient l'une et l'autre à la coupure C'' pourraient néanmoins être discernées parce qu'elles seraient accompagnées de deux sensations d'accommodation différentes. Donc C'' serait à son tour continu, et aurait une dimension (pour le moins); alors C' en aurait deux, C trois et l'espace visuel total en aurait quatre.

Va-t-on dire alors que c'est l'expérience qui nous apprend que l'espace a trois dimensions, puisque c'est en partant d'une loi expérimentale que nous sommes arrivés à lui en attribuer trois? Mais nous n'avons fait là pour ainsi dire qu'une expérience de physiologie ; et même comme il suffirait d'adapter sur les yeux des verres de construction convenable pour faire cesser l'accord entre les sentiments de convergence et d'accommodation, allons-nous dire qu'il suffit de mettre des besicles pour que l'espace ait quatre dimensions et que l'opticien qui les a construites & donné une dimension de plus à l'espace ? Évidemment non, tout ce que nous pouvons dire c'est que l'expérience nous a appris qu'il est commode d'attribuer à l'espace trois dimensions.

Mais l'espace visuel n'est qu'une partie de l'espace, et dans la notion même de cet espace il y a quelque chose d'artificiel, comme je l'ai expliqué au début. Le véritable espace est l'espace moteur et c'est celui que nous examinerons dans le chapitre suivant.

Chapitre IV

L'Espace et ses Trois Dimensions

I. — LE GROUPE DES DÉPLACEMENTS

Résumons brièvement les résultats obtenus. Nous nous proposions de rechercher ce qu'on veut dire quand on dit que l'espace a trois dimensions et nous nous sommes demandé d'abord ce que c'est qu'un continu physique et quand on peut dire qu'il a n dimensions. Si nous considérons divers systèmes d'impressions et que nous les comparions entre eux, nous reconnaissons souvent que deux de ces systèmes d'impressions ne peuvent être discernés (ce que l'on exprime d'ordinaire en disant qu'ils sont trop voisins l'un de l'autre, et que nos sens sont trop grossiers pour que nous puissions les distinguer) et nous constatons de plus que deux de ces systèmes peuvent quelquefois être discernés l'un de l'autre, bien qu'étant indiscernables d'un même troisième. S'il en est ainsi, on dit que l'ensemble de ces systèmes d'impressions forme un continu physique C. Et chacun de ces systèmes s'appellera un élément du continu C.

Combien ce continu a-t-il de dimensions? Prenons l'abord deux éléments A et B de C, et supposons qu'il existe une suite Σ d'éléments, appartenant tous au continu C, de telle façon que A et B soient les deux termes extrêmes de cette suite et que chaque terme de la suite soit indiscernable du précédent. Si l'on peut trouver une pareille suite Σ, nous dirons que A et B sont reliés entre eux ; et si deux éléments quelconques de C sont reliés entre eux, nous dirons que C est d'un seul tenant.

Choisissons maintenant sur le continu C un certain nombre d'éléments d'une manière tout à fait arbitraire. L'ensemble de ces éléments s'appellera une coupure. Parmi les suites Σ qui relient A à B, nous distinguerons celles dont un élément est indiscernable d'un des éléments de la coupure (nous dirons que ce sont celles qui coupent la coupure) et celles dont tous les éléments sont discernables de tous ceux de la coupure. Si toutes les suites Σ qui relient A à B coupent la coupure, nous dirons que A et B sont séparés par la coupure, et que la coupure divise C. Si on ne peut pas trouver sur C deux éléments qui soient séparés par la coupure, nous dirons que la coupure ne divise pas C.

Ces définitions posées, si le continu C peut être divisé par des coupures qui ne forment pas elles mêmes un continu, ce continu C n'a qu'une dimension ; dans le cas contraire il en a plusieurs. Si pour diviser C, il suffit d'une coupure formant un continu à 1 dimension, C aura 2 dimensions, s'il suffit d'une coupure formant un continu à 2 dimensions, C aura 3 dimensions, etc.

Grâce à ces définitions, on saura toujours reconnaître combien un continu physique quelconque a de dimensions. Il ne reste plus qu'à trouver un continu physique, qui soit pour ainsi dire équivalent à l'espace, de telle façon qu'à tout point de l'espace corresponde un élément de ce continu, et qu'à des points de l'espace très voisins les uns des autres, correspondent des éléments indiscernables. L'espace aura alors autant de dimensions que ce continu.

L'intermédiaire de ce continu physique, susceptible de représentation, est indispensable ; parce que nous ne pouvons nous représenter l'espace et cela pour une foule de raisons. L'espace est un continu mathématique, il est infini, et nous ne pouvons nous représenter que des continus physiques et des objets finis. Les divers éléments de l'espace, que nous appelons points, sont tous semblables entre eux, et, pour appliquer notre définition, il faut que nous sachions discerner les éléments les uns des autres, au

Henri Poincaré

moins s'ils ne sont pas trop voisins. Enfin l'espaça absolu est un non sens, et il nous faut commencer par le rapporter à un système d'axes invariablement liés à notre corps (que nous devons toujours supposer ramené à une même attitude).

J'ai cherché ensuite à former avec nos sensations visuelles un continu physique équivalent à l'espace ; cela est facile sans doute et cet exemple est particulièrement approprié à la discussion du nombre des dimensions ; cette discussion nous a permis de voir dans quelle mesure il est Permis de dire que « l'espace visuel » a trois dimensions. Seulement cette solution est incomplète et artificielle, j'ai expliqué pourquoi, et ce n'est pas sur l'espace visuel, mais sur l'espace moteur qu'il faut faire porter notre effort.

J'ai rappelé ensuite quelle est l'origine de la distinction que nous faisons entre les changements de position et les changements d'état.

Parmi les changements qui se produisent dans nos impressions, nous distinguons d'abord les changements internes volontaires et accompagnés de sensations musculaires et les changements externes, dont les caractères sont opposés. Nous constatons qu'il peut arriver qu'un changement externe soit corrigé par un changement interne qui rétablit les sensations primitives Les changements externes susceptibles d'être corrigés par un changement interne s'appellent changements de position, ceux qui n'en sont pas susceptibles s'appellent changements d'état. Les changements internes susceptibles de corriger un changement externe s'appellent déplacements du corps en bloc ; les autres s'appellent changement d'attitude.

Soient maintenant α et β deux changements externes, α'

et β' deux changements internes. Supposons que α puisse être corrigé soit par α', soit par β' ; et que α' puisse corriger soit α, soit β ; l'expérience nous apprend alors que β' peut également corriger β. Dans ce cas nous dirons que α et β correspondent au même déplacement et de même que α' et β' correspondent au même déplacement.

Cela posé, nous pouvons imaginer un continu physique que nous appellerons le continu ou le groupe des déplacements et que nous définirons de la façon suivante. Les éléments de ce continu seront les changements internes susceptibles de corriger un changement externe. Deux de ces changements internes α' et β' seront regardés comme indiscernables : 1° s'ils le sont naturellement, c'est-à-dire s'ils sont trop voisins l'un de l'autre ; 2° si α' est susceptible de corriger le même changement externe qu'un troisième changement interne naturellement indiscernable de β'. Dans ce second cas, ils seront pour ainsi dire indiscernables par convention, je veux dire en convenant de faire abstraction des circonstances qui pourraient les faire distinguer.

Notre continu est maintenant entièrement défini, puisque nous connaissons ses éléments et que nous avons précisé dans quelles conditions ils peuvent être regardés comme indiscernables. Nous avons ainsi tout ce qu'il faut pour appliquer notre définition et déterminer combien ce continu a de dimensions. Nous reconnaîtrons qu'il en a star. Le continu des déplacements n'est donc pas équivalent à l'espace, puisque le nombre des dimensions n'est pas le môme, il est seulement apparenté à l'espace.

Comment savons-nous maintenant que ce continu des déplacements a six dimensions ; nous le savons par expérience.

Henri Poincaré

Il serait aisé de décrire les expériences par lesquelles nous pourrions arriver à ce résultat. On verrait qu'on peut dans ce continu pratiquer des coupures qui le divisent et qui sont des continus; qu'on peut diviser ces coupures elles-mêmes par d'autres coupures du second ordre qui sont encore des continus, et qu'on ne serait arrêté qu'après les coupures du sixième ordre qui ne seraient plus des continus. D'après nos définitions cela voudrait dire que le groupe des déplacements a six dimensions.

Cela serait aisé, ai-je dit, mais cela serait assez long; et ne serait-ce pas un peu superficiel ? Ce groupe des déplacements, nous l'avons vu, est apparenté à l'espace et on pourrait en déduire l'espace, mais il n'est pas équivalent à l'espace puisqu'il n'a pas le même nombre de dimensions; et quand nous aurons montré comment la notion de ce continu peut se former et comment on peut en déduire celle de l'espace, on pourrait toujours se demander pourquoi l'espace à trois dimensions nous est beaucoup plus familier que ce continu à six dimensions, et douter par conséquent que ce soit par ce détour, que s'est formée dans l'esprit humain la notion d'espace.

2. — IDENTITÉ DE DEUX POINTS

Qu'est-ce qu'un point? Comment saurons-nous si deux points de l'espace sont identiques ou différents ? Ou, en d'autres termes ; quand je dis : l'objet A occupait à l'instant a le point qu'occupe l'objet B à l'instant β, qu'est-ce que cela veut dire ?

Tel est le problème que nous nous sommes posé au chapitre précédent, § 4. Comme je l'ai expliqué, il ne s'agit pas de comparer les positions des objets A et B dans l'espace absolu; la question n'aurait alors manifestement aucun gens; il s'agit de comparer les positions de ces deux objets par rapport à des axes invariablement liés à mon corps, en supposant toujours ce corps ramené à la même attitude.

Je suppose qu'entre les instants α et β, je n'aie bougé ni mon corps, ni mon œil, ce dont je suis averti par mon sens musculaire. Je n'ai remué non plus ni ma tête, ni mon bras, ni ma main. Je constate qu'à l'instant α des impressions que j'attribuais à l'objet A m'étaient transmises les unes par une des fibres de mon nerf optique, les autres par un des nerfs sensitifs tactiles de mon doigt ; je constate qu'à l'instant β, d'autres impressions que j'attribue à l'objet B me sont transmises, les unes par cette même fibre du nerf optique, les autres par ce même nerf tactile.

Il est nécessaire ici de m'arrêter pour une explication; comment suis-je averti que cette impression que j'attribue à A, et celle que j'attribue à B et qui sont qualitativement différentes me sont transmises par le même nerf ? Doit-on supposer, pour prendre par exemple les sensations visuelles, que A produit deux sensations simultanées, une sensation purement lumineuse a et une sensation colorée a', que B produit de même simultanément une sensation lumineuse b et une sensation colorée b', que si ces diverses sensations me sont transmises par une même fibre rétinienne, a est identique à b, mais qu'en général les sensations colorées a' et b' produites par des corps différents sont différentes. Dans ce cas ce serait l'identité de la sensation a qui accompagne d avec la sensation b qui accompagne b', ce serait cette identité, dis-je, qui nous avertirait que toutes ces sensations me sont transmises par la même fibre.

Quoi qu'il en soit de cette hypothèse, et bien que je sois porté à en préférer d'autres notablement plus compliquées,

Henri Poincaré

il est certain que nous sommes avertis de quelque façon qu'il y a quelque chose de commun entre ces sensations a + a' et b + b', sans quoi nous n'aurions aucun moyen de reconnaître que l'objet B a pris la place de l'objet A.

Je n'insiste donc pas davantage et je rappelle l'hypothèse que je viens de faire : je suppose que j'aie constaté que les impressions que j'attribue à B me sont transmises à l'instant β par ces mêmes fibres tant optiques que tactiles qui, à l'instant α, m'avaient transmis les impressions que j'attribuais à A. S'il en est ainsi, nous n'hésiterons pas à déclarer que le point occupé par B à l'instant β est identique au point occupé par A à l'instant α.

Je viens d'énoncer deux conditions pour que ces deux points soient identiques; l'une est relative à la vue, l'autre au toucher. Considérons-les séparément. La première est nécessaire, mais n'est pas suffisante La seconde est à la fois nécessaire et suffisante. Quelqu'un qui saurait la géométrie, l'expliquerait aisément de la manière suivante: Soit O le point de la rétine où se forme à l'instant α l'image du corps A ; soit M le point de l'espace occupé à l'instant α par ce corps A ; soit M' le point de l'espace occupé à l'instant β par le corps B. Pour que ce corps B forme son image en o, il n'est pas nécessaire que les points M et M' coïncident : comme la vue s'exerce à distance, il suffit que les trois points O M M' soient en ligne droite. Cette condition que les deux objets forment leur image en O est donc nécessaire, mais non suffisante pour que les points M et M' coïncident. Soi);maintenant P le point occupé par mon doigt et où il reste puisqu'il ne bouge pas. Comme le toucher ne s'exerce pas à distance, si le corps A touche mon doigt à l'instant α, c'est que M et P coïncident ; si B touche mon doigt à l'instant β, c'est quo M' et P coïncident. Donc M et M'coïncident. Donc cette condition que si A touche mon doigt à l'instant α, B le touche à l'instant β, est à la fois nécessaire et suffisante pour que M et M coïncident.

Mais nous qui ne savons pas encore la géométrie, nous ne pouvons raisonner comme cela ; tout se que nous pouvons faire, c'est de constater expérimentalement que la première condition relative à la vue peut être remplie sans que le soit la seconde, qui est relative au toucher, mais que la seconde ne peut pas être remplie sans que la première le soit.

Supposons que l'expérience nous ait appris le contraire. Cela se pourrait, et cette hypothèse n'a rien d'absurde. Supposons donc que nous ayons constaté expérimentalement que la condition relative au toucher peut être remplie sans que celle de la vue le soit et que celle de la vue au contraire ne peut pas l'être sans que celle du toucher le soit. Il est clair que, s'il en était ainsi, nous conclurions que c'est le toucher qui peut s'exercer à distance, et que la vue ne s'exerce pas à distance.

Mais ce n'est pas tout ; jusqu'ici j'ai supposé que pour déterminer la place d'un objet, je faisais usage seulement de mon œil et d'un seul doigt; mais j'aurais tout aussi bien pu employer d'autres moyens, par exemple tous mes autres doigts.

Je suppose que mon premier doigt reçoive à l'instant α une impression tactile que j'attribue à l'objet A. Je fais une série de mouvements, correspondant à une série S de sensations musculaires. A la suite de ces mouvements, à l'instant α, mon second doigt reçoit une impression tactile que j'attribue également à A. Ensuite, à l'instant β, sans que j'aie bougé, ce dont m'avertit mon sens musculaire, ce même second doigt me transmet de nouveau une impression tactile que j'attribue cette fois à l'objet B ; je fais ensuite une série de mouvements correspondant à une série S' de sensations musculaires. Je sais que celte série S' est inverse de la série S et correspond à des mouvements contraires. Comment le sais-je, c'est parce que des expériences antérieures multiples m'ont souvent montré que si je faisais successivement les deux séries de mouvements correspondant à S et à S', les impressions primitives se rétablissaient, c'est-à-dire que les deux séries se compensaient mutuellement. Cela posé, dois-je m'attendre à ce qu'à l'instant β', quand la seconde série de mouvements sera terminée, mon premier doigt éprouve une impression tactile attribuable à l'objet B?

Pour répondre à cette question, ceux qui sauraient déjà la géométrie raisonneraient comme il suit. Il y a des chances pour que l'objet A n'ait pas bougé entre les instants α et α', ni l'objet B entre les instants β et β' ; admettons-le. A l'instant α, l'objet A occupait un certain point M de l'espace. Or à cet instant, il touchait mon premier doigt, et comme le toucher ne s'exerce pas à distance, mon premier doigt était également au point M. J'ai fait ensuite la série S de mouvements et à la fin de cette série, à l'instant α', j'ai constaté que l'objet A touchait mon second doigt. J'en conclus que ce second doigt se trouvait alors en M, c'est-à-dire que les mouvements S avaient pour effet d'amener le second doigt à la place du premier. A l'instant β, l'objet B est venu au contact de mon second doigt : comme je n'ai pas bougé, ce second doigt est resté eu M; donc l'objet B est venu en M; par hypothèse il ne bouge pas jusqu'à l'instant β'. Mais entre les instants β et β' j'ai fait les mouvements S'; comme ces mouvements sont inverse: des mouvements S, ils doivent avoir pour effet d'amener le premier doigt à la place du second. A l'instant β', ce premier doigt sera donc en M ; et comme l'objet B est également en M cet objet B touchera mon premier doigt. A la question posée, on doit donc répondre oui.

Pour nous, qui ne savons pas encore la géométrie, nous ne pouvons pas raisonner de la sorte mais nous constatons que cette prévision se réalise d'ordinaire ; et nous pouvons toujours expliquer les exceptions en disant que l'objet A a bougé entre les instants α et α', ou l'objet R entre les instants β et β'.

Mais l'expérience n'aurait-elle pu donner un résultat contraire ; ce résultat contraire aurait-il été absurde en soi ? Évidemment non. Qu'aurions-nous fait alors si l'expérience avait donné ce résultat contraire ? Toute géométrie serait-elle ainsi devenue impossible ? pas le moins du monde: nous nous serions bornés à conclure que le toucher peut s'exercer à distance.

Quand je dis, le toucher ne s'exerce pas à distance, mais la vue s'exerce à distance, cette assertion n'a qu'un sens qui est le suivant. Pour reconnaître si B occupe à l'instant β, le point occupé par A à l'instant α, je puis me servir d'une foule de critères différents ; dans l'un intervient mon œil, dans l'autre mon premier doigt, dans l'autre mon second doigt, etc. Eh bien, il suffit que le critère relatif à l'un de mes doigts soit satisfait pour que tous les autres le soient, mais il ne suffit pas que le critère relatif à l'œil le soit. Voilà le sens de mon assertion, je me borne à affirmer un fait expérimental qui se vérifie d'ordinaire.

Nous avons analysé à la fin du chapitre précédent l'espace visuel ; nous avons vu que pour engendrer cet espace, il faut faire intervenir les sensations rétiniennes, la sensation de convergence, et la sensation d'accommodation ; que si ces deux dernières n'étaient pas toujours d'accord, l'espace visuel aurait quatre dimensions au lieu de trois; et d'autre part que si l'on ne faisait intervenir que les sensations rétiniennes, on obtiendrait « l'espace visuel simple » qui n'aurait que deux dimensions. D'un autre côté, envisageons l'espace tactile, en nous bornant aux sensations d'un seul doigt, c'est-à-dire en somme l'ensemble des positions que peut occuper ce doigt. Cet espace tactile que nous analyserons dans le paragraphe suivant et sur lequel je demanderai en conséquence la permission de ne pas m'expliquer davantage pour le moment, cet espace tactile, dis-je, a trois dimensions. Pourquoi l'espace proprement dit a-t-il autant de dimensions que l'espace tactile et en a-t-il plus que l'espace visuel simple ? C'est parce que le toucher ne s'exerce pas à distance, tandis que la vue s'exerce à distance. Ces deux assertions n'ont qu'un seul et même sens 'et nous venons de voir quel était ce sens.

Je reviens maintenant sur un point sur lequel j'avais glissé rapidement pour ne pas interrompre la discussion. Gomment savons-nous que les impressions faites sur notre rétine par A à l'instant α et par B à l'instant β nous sont transmises par une même fibre rétinienne, bien que ces impressions soient qualitativement différentes? J'ai émis une hypothèse simple, mais en ajoutant que d'autres hypothèses, notablement plus compliquées, me paraissaient plus probablement exactes. Voici quelles sont ces hypothèses, dont j'ai déjà dit un mot. Comment savons-nous que les impressions produites par l'objet rouge A à l'instant α, et par l'objet bleu B à l'instant β, si ces deux objets ont formé leur image au même point de la rétine, comment savons-nous, dis-je, que ces impressions ont quelque chose de commun? On peut rejeter l'hypothèse simple que j'avais faite plus haut et admettre que ces deux impressions, qualitativement différentes, me sont transmises par deux fibres nerveuses différentes quoique contiguës.

Quel moyen ai-je alors de savoir que ces fibres sont contiguës? Il est probable quo nous n'en aurions aucun si l'œil était immobile. Ce sont les mouvements de l'œil qui nous ont appris qu'il y a la même relation entre la sensation de bleu au point A et la sensation de bleu au point B de la rétine qu'entre la sensation de rouge au point A et la sensation de rouge au point B. Ils nous ont montré en effet que lés mêmes mouvements, correspondant aux mêmes sensations musculaires, nous font passer de la première à la deuxième, ou de la troisième à la quatrième. Je n'insiste pas sur ces considérations qui se rattachent comme on le voit à la question des signes locaux soulevée par Lotze.

3. - L'ESPACE TACTILE

Je sais ainsi reconnaître l'identité de deux points, le point occupé par A à l'instant α et le point occupé par B à l'instant β, mais à une condition c'est que je n'aie pas bougé entre les instants α et β. Cela ne suffit pas pour notre objet. Supposons donc que j'aie remué d'une manière quelconque dans l'intervalle de ces deux instants, comment saurai-je si le point occupé par A à l'instant α est identique au point occupé par B à l'instant β? Je suppose qu'à l'instant α, l'objet A était au contact de mon premier doigt et que de même, à l'instant β, l'objet B touche ce premier doigt; mais en même temps, mon sens musculaire m'a averti que clans l'intervalle mon corps a bougé. J'ai envisagé plus haut deux séries de sensations musculaires S et S' et j'ai dit qu'il arrive quelquefois qu'on est conduit à envisager deux pareilles séries S et S' comme inverses l'une de l'autre parce que nous avons souvent observé que quand ces deux séries se succèdent nos impressions primitives sont rétablies.

Henri Poincaré

Si alors mon sens musculaire m'avertit que j'ai bougé entre les deux instants α et β, mais de façon à ressentir successivement les deux séries de sensations musculaires S et S'que je considère comme inverses; je conclurai encore, tout comme si je n'avais pas bougé, que les points occupés par A à l'instant a et par B à l'instant β sont identiques, si je constate que mon premier doigt touche A à l'instant α et B à l'instant β.

Cette solution n'est pas encore complètement satisfaisante comme on va le voir. Voyons en effet combien de dimensions elle nous ferait attribuer A l'espace. Je veux comparer les deux points occupés par A et B aux instants α et β, ou (ce qui revient au même puisque je suppose que mon doigt touche A à l'instant α et B à l'instant β) je veux comparer les deux points occupés par mon doigt aux deux instants α et β. Le seul moyen dont je dispose pour cette comparaison est la série Σ des sensations musculaires qui ont accompagné les mouvements de mon corps entre ces deux instants. Les diverses séries Σ imaginables forment évidemment un continu physique dont le nombre de dimensions est très grand. Convenons, comme je l'ai fait, de ne pas considérer comme distinctes les deux séries Σ et Σ + S + S' lorsque les deux séries S et S seront inverses l'une de l'autre au sens donné plus haut à ce mot ; malgré cette convention, l'ensemble des séries S distinctes formera encore un continu physique et le nombre des dimensions sera moindre mais encore très grand.

A chacune de ces séries Σ correspond un point de l'espace; à deux séries Σ et Σ' correspondront ainsi deux points M et M'. Les moyens dont nous disposons jusqu'ici nous permettent de reconnaître que M et M' ne sont pas distincts dans deux cas: 1° si Σ est identique à Σ' ; 2° si $\Sigma' = \Sigma + S + S'$. S et S'était inverses l'une de l'autre. Si, dans tout les autres cas, noue regardions M et M' comme distincts, l'ensemble des points aurait autant de dimensions que l'ensemble des séries Σ distinctes, c'est-à-dire beaucoup plus de 3.

Pour ceux qui savent déjà la géométrie, il serait aisé de le leur faire comprendre en raisonnant comme il suit. Parmi les séries de sensations musculaires imaginables, il y en a qui correspondent à des séries de mouvements où le doigt ne bouge pas. Je dis que si l'on ne considère pas comme distinctes les séries Σ et $\Sigma + \sigma$ où la série correspond à des mouvements où le doigt ne bouge pas, l'ensemble des séries constituera un continu à trois dimensions, mais que si on regarde deux séries Σ et Σ' comme distinctes à moins que $\Sigma' = \Sigma + S + S'$, S et S' étant inverses, l'ensemble des séries constituera un continu à plus de trois dimensions.

Soit en effet dans l'espace une surface A, sui cette surface une ligne B, sur cette ligne un point M; soit C_0 l'ensemble de toutes les séries Σ, soit C_1 l'ensemble de toutes les séries Σ telles qu'à la fin des mouvements correspondants le doigt se trouve sur la surface A et de même soient C_2 ou C_3 l'ensemble des séries Σ telles qu'à la fin le doigt se trouve sur B, ou en M. Il est clair d'abord que C_1 constituera une coupure qui divisera C_0, que C_2 sera une coupure qui divisera C_1 et C_3 une coupure qui divisera Ct. Il résulte de là, d'après nos définitions, que si C_3 est un continu à n dimensions, C_0 sera un continu physique à n + 3 dimensions.

Soient donc Σ et $\Sigma' = \Sigma + \sigma$ deux séries faisant partie de C_3; pour toutes deux à la fin des mouvements, le doigt se trouve en M; il en résulte qu'au commencement et à la fin de la série a, le doigt est au même point M. Cette série σ est donc une de celles qui correspondent à des mouvements où le doigt ne bouge pas. Si l'on ne regarde pas Σ et $\Sigma + \sigma$

Henri Poincaré

comme distinctes, toutes les séries de C_3 se confondront en une seule ; donc C_3 aura o dimension et C_0, comme je voulais le démontrer en aura 3. Si au contraire je ne regarde pas Σ et $\Sigma + \sigma$ comme confondues (à moins que $\sigma = S + S'$, S et S' étant inverses) il est clair que C3contiendra un grand nombre de séries de sensations distinctes; car sans que le doigt bouge, le corps peut prendre une foule d'attitudes différentes. Alors C_3 formera un continu et C_0 aura plus de trois dimensions et c'est encore ce que je voulais démontrer.

Nous qui ne savons pas encore la géométrie, nous ne pouvons pas raisonner de la sorte ; nous ne pouvons que constater. Mais alors une question se pose ; comment, avant de savoir la géométrie, avons-nous été amenés à distinguer des autres ces séries σ où le doigt ne bouge pas; ce n'est en effet qu'après avoir fait cette distinction que t.oua pourrons être conduits à regarder Σ et $\Sigma + \sigma$ comme identiques, et c'est à cette condition seulement, comme nous venons de le voir, que nous pouvons arriver à l'espace à trois dimensions.

Nous sommes amenés à distinguer les séries σ, parce qu'il arrive souvent que quand nous avons exécuté les mouvements qui correspondent à ces séries σ de sensations musculaires, les sensations tactiles qui nous sont transmises par le nerf du doigt que nous avons appelé le premier doigt, que ces sensations tactiles, dis-je, persistent et ne sont pas altérées par ces mouvements. Cela, c'est l'expérience qui nous l'apprend et elle seule qui pouvait nous l'apprendre.

Si nous avions distingué les séries de sensations musculaires $S + S'$ formées par la réunion de deux séries inverses; c'est parce qu'elles conservaient l'ensemble de nos impressions, si maintenant nous distinguons les séries σ, c'est parce qu'elles conservent certaines de nos impressions. (Quand je dis qu'une série de sensations musculaires S « conserve » une de nos impressions A, je veux dire que nous constatons que si nous éprouvons l'impression A, puis les sensations musculaires S, nous éprouverons encore l'impression A après ces sensations S.)

J'ai dit plus haut qu'il arrive souvent que les séries σ n'altèrent pas les impressions tactiles éprouvées par notre premier doigt; j'ai dit souvent, je n'ai pas dit toujours ; c'est ce que nous exprimons dans notre langage habituel en disant que l'impression tactile ne serait pas altérée si le doigt n'a pas bougé, à la condition que l'objet A qui était au contact de ce doigt n'ait pas bougé non plus. Avant Je savoir la géométrie, nous ne pouvons pas donner cette explication ; tout ce que nous pouvons faire, c'est de constater que l'impression persiste souvent, mais pas toujours.

Mais il suffit qu'elle persiste souvent pour que les séries o nous apparaissent comme remarquables, pour que nous soyons amenés à ranger dans une même classe les séries Σ et Σ + σ, et de là à ne pas les regarder comme distinctes. Dans ces conditions nous avons vu qu'elles engendreront un continu physique à trois dimensions.

Voilà donc un espace à trois dimensions engendré par mon premier doigt. Chacun de mes doigts en engendrera un semblable. Comment sommes-nous conduits à les considérer comme identiques à l'espace visuel, comme identiques à l'espace géométrique, c'est ce qui reste à examiner.

Mais avant d'aller plus loin, faisons une réflexion; d'après ce qui précède, nous ne connaissons les points de l'espace ou plus généralement la situation finale de notre corps, que par les séries de sensations musculaires nous révélant les mouvements qui nous ont fait passer d'une certaine situation initiale à cette situation finale. Mais il est clair que cette situation finale dépendra d'une part de ces mouvements et d'autre part de la situation initiale d'où nous sommes partis. Or ces mouvements nous sont révélés par nos sensations musculaires; mais rien ne nous fait connaître la situation initiale ; rien ne peut nous la faire distinguer de toutes les autres situations possibles. Voilà qui met bien en évidence la relativité essentielle de l'espace.

4. — IDENTITÉ DES DIVERS ESPACES

Nous sommes donc amenés à comparer les deux continus C et C' engendrés par exemple, l'un par mon premier doigt D, l'autre par mon second doigt D'. Ces deux continus physiques ont l'un et l'autre trois dimensions. A chaque élément du continu C, ou si l'on aime mieux s'exprimer ainsi, à chaque point du premier espace tactile, correspond une série de sensations musculaires Σ qui me font passer d'une certaine situation initiais à une certaine situation finale[1]. De plus un même point de ce premier espace correspondra à Σ et à Σ +σ si σ est une série dont nous savons qu'elle ne fait pas bouger le doigt D.

De même à chaque élément du continu C, ou à chaque point du second espace tactile correspond une série de sensations Σ', et un même point correspondra à Σ' et à Σ' +σ' si σ' est une série qui ne fait pas bouger le doigt D'.

---

1 Au lieu de dire que nous rapportons l'espace à des axes invariablement liés à notre corps, peut-être vaudrait-il mieux dire, conformément à ce qui précède, que nous le rapportons à des axes invariablement liés à la situation initiale de notre corps.

Ce qui nous fait donc distinguer les séries σ et σ', c'est que les premières n'altèrent pas les impressions tactiles éprouvées par le doigt D et que les secondes conservent celles qu'éprouve le doigt D'.

Or voici ce que nous constatons : au début mon doigt D' éprouve une sensation A' ; je fais des mouvements qui engendrent les sensations musculaires S ; mon doigt D éprouve l'impression A; je fais des mouvements qui engendrent une série de sensations σ ; mon doigt D continue à éprouver l'impression A, puisque c'est la propriété caractéristique des séries σ ; je fais ensuite des mouvements qui engendrent la série S' de sensations musculaires, inverse de S au sens donné plus haut à ce mot. Je constate alors que mon doigt D éprouve de nouveau l'impression A' (Il faut bien entendu pour cela que S ait été convenablement choisie.)

Ce qui veut dire que la série S + σ + S', conservant les impressions tactiles du doigt D' est l'une des séries que j'ai appelées σ'. Inversement si l'on prend une série σ' quelconque, S' + σ' + S sera une des séries que nous appelons σ.

Ainsi si S est convenablement choisie, S + σ + S' sera une série σ', et en faisant varier σ de toutes les manières possibles, on obtiendra toutes les séries σ' possibles.

Tout cela, ne sachant pas encore la géométrie, nous nous bornons à le constater, mais voici comment ceux qui savent la géométrie expliqueraient le fait. Au début mon doigt D' est au point M, au contact de l'objet a qui lui fait éprouver l'impression A'; je fais les mouvements correspondants à la série S ; j'ai dit que cette série devait

Henri Poincaré

être convenablement choisie, je dois faire ce choix de telle façon que ces mouvements amènent le doigt D au point primitivement occupé par le doigt D', c'est-à-dire au point M ; ce doigt D sera ainsi au contact de l'objet a, qui lui fera éprouver l'impression A.

Je fais ensuite les mouvements correspondants à la série σ; dans ces mouvements, par hypothèse, la position du doigt D ne change pas, ce doigt reste donc au contact de l'objet a et continue à éprouver l'impression A. Je fais enfin les mouvements correspondants à la série S'. Comme S' est inverse de S, ces mouvements amèneront le doigt D' au point occupé d'abord par le doigt D, c'est-à-dire au point M. Si, comme il est permis de le supposer, l'objet a n'a pas bougé, ce doigt D' se trouvera au contact de cet objet et éprouvera de nouveau l'impression A' ;... C.Q.F.D.

Voyons les conséquences. Je considère une série de sensations musculaires Σ ; à cette série correspondra un point M du premier espace tactile. Reprenons maintenant les deux séries S et S', inverses l'une de l'autre, dont nous venons de parler. A la série S + Σ + S' correspondra un point N du second espace tactile, puisque à une série quelconque de sensations musculaires correspond, comme nous l'avons dit, un point soit dans le premier espace, soit dans le second.

Je vais considérer les deux points N et M ainsi définis comme se correspondant. Qu'est-ce qui m'y autorise ? Pour que cette correspondance soit admissible, il faut que s'il y a identité entre deux pointe M et M' correspondant dans le premier espace à deux séries Σ et Σ', il y ait aussi identité entre les deux points correspondants du second espace N et N', c'est-à-dire entre les deux points qui correspondent aux deux séries S + Σ + S', et S' + Σ + S'. Or nous allons voir que cette condition est remplie.

Faisons d'abord une remarque. Comme S et S' sont inverses l'une de l'autre, on aura S + S' = o, et par conséquent S + S' + Σ = Σ + S + S' = Σ, ou encore Σ + S + S'+ Σ'= Σ + Σ' ; mais il ne s'ensuit pas que l'on ait S + Σ + S' = Σ ; car bien que nous ayons employé le signe de l'addition pour représenter la succession de nos sensations, il est clair que l'ordre de cette succession n'est pas indifférent: nous ne pouvons donc, comme dans l'addition ordinaire, intervertir l'ordre des termes; pour employer un langage abrégé, nos opérations sont associatives, mais non commutatives.

Cela posé, pour que Σ et Σ' correspondent à un même point M = M' du premier espace, il faut et il suffit que l'on ait Σ' = Σ + σ. On aura alors:

S + Σ' + S' = S + Σ + σ + S' = S + Σ + S' + S + σ + S'

Mais nous venons de constater que S + σ + S' était une des séries σ'. On aura donc :

$$S + \Sigma' + S' = S + \Sigma + S' + \sigma'$$

Ce qui veut dire que les séries S + Σ' + S' et S + Σ + S'correspondent à un même point N = N' du second espace. C.Q.F.D.

Nos deux espaces se correspondent donc point à point ; ils peuvent être « transformés » l'un dans l'autre ; ils sont isomorphes; comment sommes nous conduits à en conclure qu'ils sont identiques?

Considérons les deux séries σ et S + σ + S' = σ' J'ai dit que souvent, mais non toujours, la série σ conserve l'impression tactile A éprouvée par le doigt D ; et de même il'1arrive souvent, mais non toujours, que la série σ' conserve l'impression tactile A' éprouvée par le doigt D'. Or je constate qu'il arrive très souvent (c'est-à-dire beaucoup plus souvent que ce que je viens d'appeler « souvent ») que quand la série σ a conservé l'impression A du doigt D, la série σ' conserve en même temps l'impression A' du doigt D'; et inversement que si la première impression est altérée, la seconde l'est également. Cela arrive très souvent, mais pas toujours.

Nous interprétons ce fait expérimental en disant que l'objet inconnu a qui cause l'impression A au doigt D est identique à l'objet inconnu d qui cause l'impression A' au doigt D'. Et en effet quand le premier objet bouge, ce dont nous avertit la disparition de l'impression A, le second bouge également, puisque l'impression A' disparaît également. Quand le premier objet reste immobile, le second reste immobile. Si ces ceux objets sont identiques, comme le premier est au point M du premier espace et le second au point N du second espace, c'est que ces deux points sont identiques. Voilà comment nous sommes conduits à regarder ces deux espaces comme identiques; ou mieux voilà ce que nous voulons dire quand nous disons qu'ils sont identiques.

Ce que nous venons de dire de l'identité des deux espaces tactiles nous dispense de discuter la question de l'identité de l'espace tactile et de l'espace visuel qui se traiterait de la même manière.

5. - L'ESPACE ET L'EMPIRISME.

Il semble que je vais être amené à des conclusions conformes aux idées empiristes. J'ai cherché en effet à mettre en évidence le rôle de l'expérience et à analyser les faits expérimentaux qui interviennent dans la genèse de l'espace à trois dimensions. Mais quelle que puisse être l'importance de ces faits, il y a une chose que nous ne devons pas oublier et sur laquelle j'ai d'ailleurs appelé plus d'une fois l'attention. Ces faits expérimentaux se vérifient souvent, mais pas toujours. Cela ne veut évidemment pas dire que l'espace a souvent trois dimensions, mais pas toujours.

Je sais bien qu'il est aisé de s'en tirer et que, si les faits ne se vérifient pas, on l'expliquera aisément en disant que les objets extérieurs ont bougé. Si l'expérience réussit, on dit qu'elle nous renseigne sur l'espace ; si elle ne réussit pas, on s'en prend aux objets extérieurs qu'on accuse d'avoir bougé; en d'autres termes, si elle ne réussit pas on lui donne un coup de pouce.

Ces coups de pouce sont légitimes ; je n'en disconviens pas; mais ils suffisent pour nous avertir que les propriétés de l'espace ne sont pas des vérités expérimentales proprement dites. Si nous avions voulu vérifier d'autres lois, nous aurions pu aussi y parvenir, en donnant d'autres coups de pouce analogues ? N'aurions-nous pas toujours pu justifier ces coups de pouce par les mômes raisons ? Tout au plus aurait-on pu nous dire : «vos coups de pouce sont légitimes sans doute, mais vous en abusez; à quoi bon faire bouger si souvent les objets extérieurs ? »

En résumé, l'expérience ne nous prouve pas que l'espace a trois dimensions; elle nous prouve qu'il est commode de lui en attribuer trois, parce que c'est ainsi que le nombre des coups de pouce est réduit au minimum.

Ajouterai-je que l'expérience ne nous ferait jamais toucher que l'espace représentatif qui est un continu physique, et

Henri Poincaré

non l'espace géométrique qui est un continu mathématique. Tout au plus pourrait-il nous apprendre qu'il est commode de donner à l'espace géométrique trois dimensions pour qu'il en ait autant que l'espace représentatif.

La question empirique peut se poser sous un « autre forme. Est-il impossible de concevoir les phénomènes physiques, les phénomènes mécaniques, par exemple, autrement que dans l'espace à trois dimensions ? Nous aurions ainsi une preuve expérimentale objective, pour ainsi dire, indépendante de notre physiologie, de nos modes de représentation.

Mais il n'en est pas ainsi; je ne discuterai pas ici complètement la question, je me bornerai à rappeler l'exemple frappant que nous donne la mécanique de Hertz.

On sait que le grand physicien ne croyait pas à l'existence des forces proprement dites ; il supposait que les points matériels visibles sont assujettis à certaines liaisons invisibles qui les relient à d'autres points invisibles et que c'est l'effet de ces liaisons invisibles que nous attribuons aux forces.

Mais ce n'est là qu'une partie de ses idées. Supposons un système formé de n points matériels visibles ou non; cela fera en tout 3 n coordonnées; regardons-les comme les coordonnées d'un point unique dans l'espace à 3 n dimensions, le point unique serait assujetti à rester sur une surface un nombre quelconque de dimensions < 3 n) en vertu des liaisons dont nous venons de parler; pour se rendre sur celte surface, d'un point à un autre, il prendrait toujours le chemin le plus court; ce serait là le principe unique qui résumerait toute la mécanique.

Quoi que l'on doive penser de cette hypothèse, qu'on soit séduit par sa simplicité, ou rebuté par son caractère artificiel le seul fait que Hertz ait pu la concevoir, et la regarder comme plus commode que nos hypothèses habituelles, suffit pour prouver que nos idées ordinaires, et, en particulier, les trois dimensions de l'espace, ne s'imposent nullement au mécanicien avec une force invincible.

6. — L'ESPRIT ET L'ESPACE

L'expérience n'a donc joué qu'un seul rôle, elle a servi d'occasion. Mais ce rôle n'en était pas moins très important; et j'ai cru nécessaire de le faire ressortir. Ce rôle aurait été inutile s'il existait une forme à priori s'imposant à notre sensibilité et qui serait l'espace à trois dimensions.

Cette forme existe-t-elle, ou, si l'on veut, pouvons-nous nous représenter l'espace à plus de trois dimensions? Et d'abord que signifie cette question? Au vrai sens du mot, il est clair que nous ne pouvons nous représenter l'espace à quatre, ni l'espace à trois dimensions; nous ne pouvons d'abor4 nous les représenter vides, et nous ne pouvons non plus nous représenter un objet ni dans l'espace à quatre, ni dans l'espace à trois dimensions : 1° parce que ces espaces sont l'un et l'autre infinis et que nous ne pourrions nous représenter une figure dans l'espace, c'est-à-dire la partie dans le tout, sans nous représenter le tout, et cela est impossible, puisque ce tout est infini; 2° parce que ces espaces sont l'un et l'autre des continus mathématiques et que nous ne pouvons nous représenter que le continu physique ; 3° parce que ces espaces sont l'un et l'autre homogènes, et que les cadres où nous enfermons nos sensations, étant limités, ne peuvent être homogènes.

Ainsi la question posée ne peut s'entendre que d'une

manière ; est-il possible d'imaginer que, les résultats des expériences relatées plus haut ayant été différents, nous ayons été conduits à attribuer à l'espace plus de trois dimensions ; d'imaginer, par exemple, que la sensation d'accommodation ne soit pas constamment d'accord avec la sensation de convergence des yeux ; ou bien que les expériences dont nous avons parlé au paragraphe 2 et dont nous exprimons le résultat on disant « que le toucher ne s'exerce pas à distance », nous aient conduits à une conclusion inverse.

Et alors évidemment oui cela est possible ; du moment qu'on imagine une expérience, on imagine par cela même les deux résultats contraires qu'elle peut donner. Cela est possible, mais cela est difficile, parce que nous avons à vaincre une foule d'associations d'idées, qui sont le fruit d'une longue expérience personnelle et de l'expérience plus longue encore de la race. Sont-ce ces associations (ou du moins celles d'entre elles que nous avons héritées de nos ancêtres), qui constituent cette forme à priori dont on nous dit que nous avons l'intuition pure ? Alors je ne vois pas pourquoi on la déclarerait rebelle à l'analyse et on me dénierait le droit d'en rechercher l'origine.

Quand on dit que nos sensations sont « étendues » on ne peut vouloir dire qu'une chose, c'est qu'elles se trouvent toujours associées à l'idée de certaines sensations musculaires, correspondant aux mouvements qui permettraient d'atteindre l'objet qui les cause, qui permettraient, en d'autres termes, de se défendre contre elles. Et c'est justement parce que cette association est utile à la défense de l'organisme, qu'elle est si ancienne dans l'histoire de l'espèce et qu'elle nous semble indestructible. Néanmoins, ce n'est qu'une association et on peut concevoir qu'elle soit rompue ; de sorte qu'on ne peut pas dire que la sensation ne peut entrer dans la conscience sans entrer dans l'espace, mais qu'en fait elle n'entre pas dans la conscience sans entrer dans l'espace, ce qui veut dire, sans être engagée dans cette association.

Je ne puis comprendre non plus qu'on dise que l'idée de temps est postérieure logiquement à l'espace, parce que nous ne pouvons nous le représenter que sous la forme d'une droite ; autant dire que le temps est postérieur logiquement à la culture des prairies, parce qu'on se le représente généralement armé d'une faux. Qu'on ne puisse pas se représenter simultanément les diverses parties du temps, cela va de soi, puisque le caractère essentiel de ces parties est précisément de n'être pas simultanées. Cela ne veut pas dire que l'on n'ait pas l'intuition du temps. A ce compte, on n'aurait pas non plus celle de l'espace, car, lui aussi, on ne peut pas se le représenter, au sens propre du mot, pour les raisons que j'ai dites. Ce que nous nous représentons sous le nom de droite est une image grossière qui ressemble aussi mal à la droite géométrique qu'au temps lui-même.

Pourquoi a-t-on dit que toute tentative pour donner une quatrième dimension à l'espace ramène toujours celle-ci à l'une des trois autres? Il est aisé de le comprendre. Envisageons nos sensations musculaires et les « séries » qu'elles peuvent former. A la suite d'expériences nombreuses, les idées de ces séries sont associées entre elles dans une trame très complexe, nos séries sont classées. Qu'on me permette, pour la commodité du langage, d'exprimer ma pensée d'une façon tout à fait grossière et même inexacte en disant que nos séries de sensations musculaires sont classées en trois classes correspondant aux trois dimensions de l'espace. Bien entendu, cette classification est beaucoup plus compliquée que cela, mais cela suffira pour faire comprendre mon raisonnement. Si je veux imaginer une quatrième dimension, je supposerai une autre série de sensations musculaires, faisant partie d'une quatrième classe. Mais comme toutes mes sensations musculaires ont déjà été rangées dans une des trois classes préexistantes, je ne puis me représenter qu'une série appartenant à l'une de ces trois classes de sorte que ma quatrième dimension est ramenée à l'une des trois autres.

Qu'est-ce que cela prouve ? C'est qu'il aurait fallu d'abord détruire l'ancienne classification et la remplacer par une nouvelle où les séries de sensations musculaires auraient été réparties en quatre classes. La difficulté aurait disparu.

On la présente, quelquefois, sous une forme plus frappante. Supposons que je sois enfermé dans une chambre entre les six parois infranchissables formées par les quatre murs, le plafond et le plancher; il me sera impossible d'en sortir et d'imaginer que j'en sorte. — Pardon, ne pouvez-vous imaginer que la porte s'ouvre, ou que deux de ces parois s'écartent? — Mais bien entendu, répondra-t-on, il faut qu'on suppose que ces parois restent immobiles. — Oui, mais il est évident que moi, j'ai le droit de bouger ; et alors les parois que nous supposons en repos absolu seront en mouvement relatif par rapport à moi. — Oui, mais un pareil mouvement relatif ne peut pas être quelconque, quand des objets sont en repos, leur mouvement relatif par rapport à des axes quelconques est celui d'un corps solide invariable ; or, les mouvements apparents que vous imaginez ne sont pas conformes aux lois du mouvement d'un solide invariable. — Oui, mais c'est l'expérience qui nous a appris les lois du mouvement d'un solide invariable ; rien n'empêcherait d'imaginer qu'elles fussent différentes. En résumé, pour m'imaginer que je sors de ma prison, je n'ai qu'à m'imaginer que les parois semblent s'en écarter, quand je remue.

Je crois donc que si par espace on entend un continu mathématique à trois dimensions, fût-il d'ailleurs amorphe, c'est l'esprit qui le construit, mais il ne le construit pas avec rien, il lui faut des matériaux et des modèles. Ces matériaux comme ces modèles préexistent en lui. Mais il n'y a pas un modèle unique qui s'impose à lui; il a du choix ; il peut choisir, par exemple, entre l'espace à quatre et l'espace à trois dimensions. Quel est alors le rôle de l'expérience ? C'est elle qui lui donne les indications d'après lesquelles il fait son choix.

Autre chose: d'où vient à l'espace son caractère quantitatif? Il vient du rôle que jouent dans sa genèse les séries de sensations musculaires. Ce sont des séries qui peuvent se répéter, et c'est de leur répétition que vient le nombre ; c'est parce qu'elles peuvent se répéter indéfiniment que l'espace est infini. Et enfin nous avons vu à la fin du paragraphe 3 que c'est aussi pour cela que l'espace est relatif. Ainsi c'est la répétition qui a donné à l'espace ses caractères essentiels; or, la répétition suppose le temps; c'est assez dire que le temps est antérieur logiquement à l'espace.

7. - ROLE DES CANAUX SEMI-CIRCULAIRES

Je n'ai pas parlé jusqu'ici du rôle de certains organes auxquels les physiologistes attribuent avec raison une importance capitale, je veux parler des canaux semi-circulaires. De nombreuses expériences ont suffisamment montré que ces canaux sont nécessaires à notre sens d'orientation ; mais les physiologistes ne sont pas entièrement d'accord; deux théories opposées ont été proposées, celle de Mach-Delage et celle de M. de Cyon.

M. de Cyon est un physiologiste qui a illustré son nom par d'importantes découvertes sur l'innervation du cœur; je ne saurais toutefois partager ses idées sur la question qui nous occupe. N'étant pas physiologiste, j'hésite à critiquer les expériences qu'il a dirigées contre la théorie adverse de Mach-Delage ; il me semble cependant qu'elles ne sont pas probantes, car dans beaucoup d'entre elles on faisait varier la pression dans un des canaux tout entier, tandis que, physiologiquement, ce qui varie, c'est la différence entre les pressions sur les deux extrémités du canal; dans d'autres, les organes étaient profondément lésés, ce qui devait en altérer les fonctions.

Peu importe d'ailleurs ; les expériences, si elles étaient irréprochables, pourraient être probantes contre la théorie ancienne. Elles ne pourraient l'être pour la théorie nouvelle. Si, en effet, j'ai bien compris la théorie, il me suffira de l'exposer pour qu'on comprenne qu'il est impossible de concevoir une expérience qui la confirme.

Les trois paires de canaux auraient pour unique fonction de nous avertir que l'espace a trois dimensions. Les souris japonaises n'ont que deux paires de canaux ; elles croient, paraît-il, que l'espace n'a que deux dimensions, et elles manifestent cette opinion de la façon la plus étrange ; elles se rangent en cercle, chacune d'elles mettant le nez sous la queue de la précédente, et, ainsi rangées, elles se mettent à tourner rapidement. Les lamproies, n'ayant qu'une paire de canaux, croient que l'espace n'a qu'une dimension, mais leurs manifestations sont moins tumultueuses.

Il est évident qu'une semblable théorie n'est pas admissible. Les organes des sens sont destinés à nous avertir des changements qui se produisent dans le monde extérieur. On ne comprendrait par pourquoi le créateur nous aurait donné des organes destinés à nous crier sans cesse: Souviens-toi que l'espace a trois dimensions, puisque le nombre de ces trois dimensions n'est pas sujet au changement.

Nous devons donc en revenir à la théorie de Mach-Delage. Ce que peuvent nous faire connaître les nerfs des canaux, c'est la différence de pression sur les deux extrémités d'un même canal, et par là :

1° La direction de la verticale par rapport à trois axes invariablement liés à la tête ;
2° Les trois composantes de l'accélération de translation du centre de gravité de la tête ;
3° Les forces centrifuges développées par la rotation de la tête ;
4° L'accélération du mouvement de rotation de la tête.

Il résulte des expériences de M. Delage que c'est cette dernière indication qui est de beaucoup la plus importante ; sans doute parce que les nerfs sont moins sensibles à la différence de pression elle-même qu'aux variations brusques de cette différence. Les trois premières indications peuvent ainsi être négligées.

Connaissant l'accélération du mouvement de rotation de là tête à chaque instant, nous en déduisons, par une intégration inconsciente, l'orientation finale de la tête, rapportée à une certaine orientation initiale prise pour origine. Les canaux circulaires contribuent donc à nous renseigner sur les mouvements que nous avons exécutés, et cela au même titre que les sensations musculaires. Quand donc, plus haut, nous parlions de la série S ou de la série Σ, nous aurions dû dire, non quo c'étaient des séries de sensations musculaires seulement, mais que c'étaient des séries à la fois de sensations musculaires et de sensations dues aux canaux semi-circulaires. A part cette addition, nous n'aurions rien à changer à ce qui précède.

Dans ces séries S et Σ, ces sensations de canaux semi-circulaires tiennent évidemment une place tout à fait importante. A elles seules elles ne suffiraient pas cependant; car elles ne peuvent nous renseigner que sur les mouvements delà tête, elles ne nous apprennent rien sur les mouvements relatifs du tronc ou des membres par rapport à la tête. De plus, il semble qu'elles nous renseignent seulement sur les rotations de la tête et non sur les translations qu'elle peut subir.

Deuxième Partie

Les Sciences Physiques

Chapitre V

L'Analyse et la Physique

- I -

On vous a sans doute souvent demandé à quoi servent les mathématiques et si ces délicates constructions que nous tirons tout entières de notre esprit ne sont pas artificielles et enfantées par notre caprice.

Parmi les personnes qui font cette question, je dois faire une distinction ; les gens pratiques réclament seulement de nous le moyen de gagner de l'argent. Ceux-là ne méritent pas qu'on leur réponde ; c'est à eux plutôt qu'il conviendrait da demander à quoi bon accumuler tant de richesses et si, pour avoir le temps de les acquérir, il faut négliger l'art et la science qui seuls nous font des âmes capables d'en jouir,

et propter vitam vivendi perdere causas.

D'ailleurs, une science uniquement faite en vue des applications est impossible ; les vérités ne sont fécondes que si elles sont enchaînées les unes aux autres. Si l'on s'attache seulement à celles dont on attend un résultat immédiat, les anneaux intermédiaires manqueront, et il n'y aura plus de chaîne.

Les hommes les plus dédaigneux de la théorie y trouvent sans s'en douter un aliment quotidien ; si l'on était privé de cet aliment, le progrès s'arrêterait rapidement et nous nous figerions bientôt dans l'immobilité de la Chine.

Mais c'est assez nous occuper des praticiens intransigeants. A côté d'eux, il y a ceux qui sont seulement curieux de la nature et qui nous demandent si nous sommes en état de la leur mieux faire connaître.

Pour leur répondre, nous n'avons qu'à leur montrer les deux monuments déjà ébauchés de la Mécanique Céleste et de la Physique Mathématique.

Ils nous concéderaient sans doute qu3 ces monuments valent bien la peine qu'ils nous ont coûtée. Mais ce n'est pas assez.

Les mathématiques ont un triple but. Elles doivent fournir un instrument pour l'étude de la nature.

Mais ce n'est pas tout : elles ont un but philosophique et, j'ose le dire, un but esthétique.

Elles doivent aider le philosophe à approfondir les notions de nombre, d'espace, de temps.

Et surtout leurs adeptes y trouvent des jouissances analogues à celles que donnent la peinture et la musique. Ils admirent la délicate harmonie des nombres et des formes; ils s'émerveillent quand une découverte nouvelle leur ouvre une perspective inattendue ; et la joie qu'ils éprouvent ainsi n'a-t-elle pas le caractère esthétique, bien que les sens n'y prennent aucune part ? Peu de privilégiés sont appelés à la goûter pleinement, cela est vrai, mais n'est-ce pas ce qui arrive pour les arts les plus nobles ?

C'est pourquoi je n'hésite pas à dire que lei mathématiques méritent d'être cultivées pour elles mêmes et que les théories qui ne peuvent être appliquées à la physique doivent l'être comme les autres.

Quand même le but physique et le but esthétique ne seraient pas solidaires ; nous ne devrions sacrifier ni l'un ni l'autre.

Henri Poincaré

Mais il y a plus: ces deux buts sont inséparables et le meilleur moyen d'atteindre l'un c'est de viser l'autre, ou du moins de ne jamais le perdre de vue. C'est ce que je vais m'efforcer de démontrer en précisant la nature des rapports entre la science pure et ses applications.

Le mathématicien ne doit pas être pour le physicien un simple fournisseur de formules ; il faut qu'il y ait entre eux une collaboration plus intime.

La physique mathématique et l'analyse pure ne sont pas seulement des puissances limitrophes, entretenant des rapports de bon voisinage ; elles se pénètrent mutuellement et leur esprit est le même.

C'est ce que l'on comprendra mieux quand j'aurai montré ce que la physique reçoit de là mathématique et ce que la mathématique, en retour, emprunte à la physique.

- II -

Le physicien ne peut demander à l'analyste de lui révéler une vérité nouvelle, tout au plus celui-ci pourrait-il l'aider à la pressentir.

Il y a longtemps que personne ne songe plus à devancer l'expérience, ou à construire le monde de toutes pièces sur quelques hypothèses hâtives. De toutes ces constructions où l'on se complaisait encore naïvement il y a un siècle, il ne reste plus aujourd'hui que des ruines.

Toutes les lois sont donc tirées de l'expérience, mais pour les énoncer, il faut une langue spéciale ; le langage ordinaire est trop pauvre, il est d'ailleurs trop vague, pour exprimer des rapports si délicats, si riches et si précis.

Voilà donc une première raison pour laquelle le physicien ne peut se passer des mathématiques ; elles lui fournissent la seule langue qu'il puisse parler.

Et ce n'est pas une chose indifférente qu'une langue bien faite ; pour ne pas sortir de la physique, l'homme inconnu qui a inventé le mot chaleur a voué bien des générations à l'erreur. On a traité la chaleur comme une substance, simplement parce qu'elle était désignée par un substantif, et on l'a crue indestructible.

En revanche, celui qui a inventé le mot électricité a eu le bonheur, immérité de doter implicitement la physique d'une loi nouvelle, celle de la conservation de l'électricité, qui, par un pur hasard, s'est trouvée exacte, du moins jusqu'à présent. Eh bien, pour poursuivre la comparaison, les écrivains qui embellissent une langue, qui la traitent comme un objet d'art, en font en même temps un instrument plus souple, plus apte à rendre les nuances de la pensée.

On comprend alors comment l'analyste, qui poursuit un but purement esthétique, contribue par cela même à créer une langue plus propre h satisfaire le physicien.

Mais ce n'est pas tout ; la loi sort de l'expérience, mais elle n'en sort pas immédiatement. L'expérience est individuelle, la loi qu'on en tire est générale, l'expérience n'est qu'approchée, la loi est précise ou du moins prétend l'être. L'expérience se fait dans des conditions toujours complexes, l'énoncé de la loi élimine ces complications. C'est ce qu'on appelle « corriger les erreurs systématiques ».

En un mot, pour tirer la loi de l'expérience, il faut

Henri Poincaré

généraliser; c'est une nécessité qui s'impose à l'observateur le plus circonspect.

Mais comment généraliser ? Toute vérité particulière peut évidemment être étendue d'une infinité de manières. Entre ces mille chemins qui s'ouvrent devant nous, il faut faire un choix, au moins provisoire ; dans ce choix, qui nous guidera ?

Ce ne pourra être que l'analogie. Mais que ce mot est vague ! L'homme primitif ne connaît que les analogies grossières, celles qui frappent les sens, celles des couleurs ou des sons. Ce n'est pas lui qui aurait songé à rapprocher par exemple la lumière de la chaleur rayonnante.

Qui nous a appris à connaître les analogies véritables, profondes, celles que les yeux ne voient pas et que la raison devine ?

C'est l'esprit mathématique, qui dédaigne la matière pour ne s'attacher qu'à la forme pure. C'est lui qui nous a enseigné à nommer du même nom des êtres qui ne différant que par la matière, à nommer du même nom par exemple la multiplication des quaternions et celle des nombres entiers.

Si les quaternions, dont je viens de parler, n'avaient été si promptement utilisés par les physiciens anglais, bien des personnes n'y verraient sans doute qu'une rêverie oiseuse, et pourtant, en nous apprenant à rapprocher ce que les apparences séparent, ils nous auraient déjà rendus plus aptes à pénétrer les secrets de la nature.

Voilà les services que le physicien doit attendre de l'analyse, mais pour que celte science puisse les lui rendre, il faut qu'elle soit cultivée de la façon la plus large,

Chapitre V

sans préoccupation immédiate d'utilité, il faut que le mathématicien ait travaillé en artiste.

Ce que nous lui demandons c'est de nous aider à voir, à discerner notre chemin dans le dédale qui s'offre à nous. Or, celui qui voit le mieux, c'est celui qui s'est élevé le plus haut.

Les exemples abondent, et je me bornerai aux plus frappants.

Le premier nous montrera comment il suffit de changer de langage pour apercevoir des généralisations qu'on n'avait pas d'abord soupçonnées.

Quand la loi de Newton s'est substituée à colle de Kepler, on ne connaissait encore que le mouvement elliptique. Or, en ce qui concerne es mouvement, les deux lois ne diffèrent que par la forme ; on passe de Tune à l'autre par une simple différenciation.

Et cependant, de la loi de Newton, on peut déduire, par une généralisation immédiate, tous les effets des perturbations et toute la mécanique céleste. Jamais au contraire, si l'on avait conservé l'énoncé de Kepler, on n'aurait regardé les orbites des planètes troublées, ces courbes compliquées dont personne n'a jamais écrit l'équation, comme les généralisations naturelles de l'ellipse. Las progrès des observations n'auraient servi qu'à faire croire au chaos.

Le second exemple mérite également d'être médité.

Quand Maxwell a commencé ses travaux, les lois de l'électrodynamique admises jusqu'à lui rendaient compte de tous les faits connus. Ce n'est pas une expérience nouvelle qui est venue les infirmer.

Mais en les envisageant sous un biais nouveau, Maxwell a reconnu que les équations deviennent plus symétriques quand on y ajoute un terme, et d'autre part ce terme était trop petit pour produire des effets appréciables avec les méthodes anciennes.

On sait que les vues a priori de Maxwell ont attendu vingt ans une confirmation expérimentale ; ou si vous aimez mieux, Maxwell a devancé de vingt ans l'expérience.

Comment ce triomphe a-t-il été obtenu ?

C'est que Maxwell était profondément imprégné du sentiment de la symétrie mathématique ; en aurait-il été de même, si d'autres n'avaient avant lui recherché cette symétrie pour sa beauté propre ?

C'est que Maxwell était habitué à « penser en vecteurs » et pourtant si les vecteurs se sont introduits dans l'analyse, c'est par la théorie des imaginaires. Et ceux qui ont inventé les imaginaires ne se doutaient guère du parti qu'on en tirerait pout l'étude du monde réel; le nom qu'ils leur ont donné le prouve suffisamment.

Maxwell en un mot n'était peut-être pas un habile analyste, mais cette habileté n'aurait été pour lui qu'un bagage inutile et gênant. Au contraire il avait au plus haut degré le sens intime des analogies mathématiques. C'est pour cela qu'il t fait de bonne physique mathématique.

L'exemple de Maxwell nous apprend encore autre chose.

Comment faut-il traiter les équations de la physique

mathématique ? devons-nous simplement en déduire toutes les conséquences, et les regarder comme des réalités intangibles ? Loin de là ; ce qu'elles doivent nous apprendre surtout, c'est ce qu'on peut et ce qu'on doit y changer. C'est comme cela que nous en tirerons quelque chose d'utile.

Le troisième exemple va nous montrer comment nous pouvons apercevoir des analogies mathématiques entre des phénomènes qui n'ont physiquement aucun rapport ni apparent, ni réel, de telle sorte que les lois de l'un de ces phénomènes nous aident à deviner celles de l'autre.

Une même équation, celle de Laplace, se rencontre dans la théorie de l'attraction newtonienne, dans celle du mouvement des liquides, dans celle du potentiel électrique, dans celle du magnétisme, dans celle de la propagation de la chaleur et dans bien d'autres encore.

Qu'en résulte-t-il ? Ces théories semblent des images calquées l'une sur l'autre ; elles s'éclairent mutuellement, en s'empruntant leur langage ; demandez aux électriciens s'ils ne se félicitent pas d'avoir inventé le mot de flux de force, suggéré par l'hydrodynamique et la théorie de la chaleur.

Ainsi les analogies mathématiques, non seule ment peuvent nous faire pressentir les analogies physiques, mais encore ne cessent pas d'être utiles, quand ces dernières font défaut.
En résumé le but de la physique mathématique n'est pas seulement de faciliter au physicien le calcul numérique de certaines constantes ou l'intégration de certaines équations différentielles.

Il est encore, il est surtout de lui faire connaître l'harmonie cachée des choses en les lui faisant voir d'un nouveau biais.

De toutes les parties de l'analyse, ce sont les plus élevées, ce sont les plus pures, pour ainsi dire, qui seront les plus fécondes entre les mains de ceux qui savent s'en servir.

- III -

Voyons maintenant ce que l'analyse doit à la physique.

Il faudrait avoir complètement oublié l'histoire de la science pour ne pas se rappeler que le désir de connaître la nature a eu sur le développement des mathématiques l'influencera, plus constante et la plus heureuse.

En premier lieu, le physicien nous pose des problèmes dont il attend de nous la solution. Mais en nous les proposant, il nous a payé largement d'avance le service que nous pourrons lui rendre, si nous parvenons à les résoudre.

Si l'on veut me permettre de poursuivre ma comparaison avec les beaux-arts, le mathématicien pur qui oublierait l'existence du monde extérieur, serait semblable à un peintre qui saurait harmonieusement combiner les couleurs et les formes, mais à qui les modèles feraient défaut. Sa puissance créatrice serait bientôt tarie.

Les combinaisons que peuvent former les nombres et les symboles sont une multitude infinie. Dans cette multitude, comment choisirons-nous celles qui sont dignes de retenir notre attention ? Nous laisserons-nous uniquement guider par notre caprice ? Ce caprice, qui lui-même d'ailleurs ne tarderait pas à se lasser, nous entraînerait sans doute bien loin les uns des autres et nous cesserions promptement de nous entendre entre nous.

Mais ce n'est là que le petit côté de la question.

La physique nous empêchera sans doute de nous égarer, mais elle nous préservera aussi d'un danger bien plus redoutable ; elle nous empêchera de tourner sans cesse dans le même cercle.

L'histoire le prouve, la physique ne nous a pas seulement forcés de choisir entre les problèmes qui se présentaient en foule ; elle nous en a imposé auxquels nous n'aurions jamais songé sans elle.

Quelque variée que soit l'imagination de l'homme, la nature est mille fois plus riche encore. Pour la suivre, nous devons prendre des chemins que nous avions négligés et ces chemins nous conduisent souvent à des sommets d'où nous découvrons des paysages nouveaux. Quoi de plus utile !

Il en est des symboles mathématiques comme des réalités physiques; c'est en comparant les aspects différents des choses que nous pourrons en comprendre l'harmonie intime, qui seule est belle et par conséquent digne de nos efforts.

Le premier exemple que je citerai est tellement ancien qu'on serait tenté de l'oublier; il n'en est pas moins le plus important de tous.

Le seul objet naturel de la pensée mathématique, c'est le nombre entier. C'est le monde extérieur qui nous a imposé le continu, que nous avons inventé sans doute, mais qu'il nous a forcés à inventer.

Henri Poincaré

Sans lui il n'y aurait pas d'analyse infinitésimale ; toute la science mathématique se réduirait à l'arithmétique ou à la théorie des substitutions.

Au contraire, nous avons consacré à l'étude du continu presque tout notre temps et toutes nos forces. Qui le regrettera ; qui croira que ce temps et ces forces ont été perdus ?

L'analyse nous déroule des perspectives infinies que l'arithmétique ne soupçonne pas; elle vous montre d'un coup d'œil un ensemble grandiose, dont l'ordonnance est simple et symétrique ; au contraire, dans la théorie des nombres, où règne l'imprévu, la vue est pour ainsi dire arrêtée à chaque pas.

Sans doute on vous dira qu'en dehors du nombre entier, il n'y a pas de rigueur, et par conséquent pas de vérité mathématique ; que partout il se cache, et qu'il faut s'efforcer de rendre transparents les voiles qui le dissimulent, dût-on pour cela se résigner à d'interminables redites.

Ne soyons pas si puristes et soyons reconnaissants au continu qui, si tout sort du nombre entier, était seul capable d'en faire tant sortir.

Ai-je besoin d'ailleurs de rappeler que M. Hermite a tiré un parti surprenant de l'introduction des variables continues dans la théorie des nombres? Ainsi le domaine propre du nombre entier est envahi lui-même, et cette invasion a établi l'ordre, là où régnait le désordre.

Voilà ce que nous devons au continu et par conséquent à la nature physique.

Chapitre V

La série de Fourier est un instrument précieux dont l'analyse fait un usage continuel, c'est par ce moyen qu'elle a pu représenter des fonctions discontinues; si Fourier l'a inventée, c'est pour résoudre un problème de physique relatif à la propagation de la chaleur. Si ce problème ne s'était posé naturellement, on n'aurait jamais osé rendre au discontinu ses droits ; on aurait longtemps encore regardé les fonctions continues comme les seules fonctions véritables.

La notion de fonction s'est par là considérablement étendue et a reçu de quelques analystes logiciens un développement imprévu. Ces analystes se sont ainsi aventurés dans des régions où règne l'abstraction la plus pure et se sont éloignés autant qu'il est possible du monde réel. C'est cependant un problème de physique qui leur en a fourni l'occasion

Derrière la série de Fourrier, d'autres séries analogues sont entrées dans le domaine de l'analyse ; elles y sont entrées par la même porte ; elles ont été imaginées en vue des applications.

La théorie des équations aux dérivées partielles du second ordre a eu une histoire analogue ; elle s'est développée surtout par et pour la physique. Mais elle peut prendre bien des formes; car une pareille équation ne suffit pas pour déterminer la fonction inconnue, il faut y adjoindre des conditions complémentaires qu'on appelle condition! aux limites; d'où bien des problèmes différents.

Si les analystes s'étaient abandonnés à leurs tendances naturelles, ils n'en auraient jamais connu qu'un, celui qu'a traité Mme de Kowalevski dans son célèbre mémoire.

Henri Poincaré

Mais il y en a une foule d'autres qu'ils auraient ignorés.

Chacune des théories physiques, celle de l'électricité, celle de la chaleur, nous présente ces équations sous un aspect nouveau. On peut donc dire que sans elles, nous ne connaîtrions pas les équations aux dérivées partielles.

Il est inutile de multiplier les exemples. J'en ai dit assez pour pouvoir conclure : quand les physiciens nous demandent la solution d'un problème, ce n'est pas une corvée qu'ils nous imposent, c'est nous au contraire qui leur devons des remerciements.

- IV -

Mais ce n'est pas tout; la physique ne nous donne pas seulement l'occasion de résoudre des problèmes; elle nous aide à en trouver les moyens, et cela de deux manières.

Elle nous fait pressentir la solution; elle nous suggère des raisonnements.

J'ai parlé plus haut de l'équation de Laplace que l'on rencontre dans une foule de théories physiques fort éloignées les unes des autres. On la retrouve en géométrie, dans la théorie de la représentation conforme et en analyse pure, dans celle des imaginaires.

De cette façon, dans l'étude des fonctions de variables complexes, l'analyste, à côté de l'image géométrique, qui est son instrument habituel, trouve plusieurs images physiques dont il peut faire usage avec le même succès.

Grâce à ces images, il peut voir d'un coup d'œil ce que la déduction pure ne lui montrerait que successivement. Il rassemble ainsi les éléments épars de la solution, et par une sorte d'intuition devine avant de pouvoir démontrer.

Deviner avant de démontrer ! Ai-je besoin de rappeler que c'est ainsi que se sont faites toutes tes découvertes importantes ?

Combien de vérités que les analogies physiques nous permettent de pressentir et que nous ne sommes pas en état d'établir par un raisonnement rigoureux !

Par exemple, la physique mathématique introduit un grand nombre de développements en séries. Ces développements convergent, personne n'en doute ; mais la certitude mathématique fait défaut.

Ce sont autant de conquêtes assurées pour les chercheurs qui viendront après nous.

La physique, d'autre part, ne nous fournit pas seulement des solutions ; elle nous fournit encore, dans une certaine mesure, des raisonnements. Il me suffira de rappeler comment M. Klein, dans une question relative aux surfaces de Riemann, a eu recours aux propriétés des courants électriques.

Il est vrai que les raisonnements de ce genre ne sont pas rigoureux, au sens que l'analyste attache à ce mot.

Et, à ce propos, une question se pose: comment une démonstration, qui n'est pas assez rigoureuse pour l'analyste, peut-elle suffire au physicien ? il semble qu'il ne peut y avoir deux rigueurs, que la rigueur est ou n'est pas, et que, là où elle n'est pas, il ne peut y avoir de raisonnement. On comprendra mieux ce paradoxe apparent, en se

Henri Poincaré

rappelant dans quelles conditions le nombre s'applique aux phénomènes naturels.

D'où proviennent en général les difficultés que l'on rencontre quand on recherche la rigueur ? On s'y heurte presque toujours en voulant établir que telle quantité tend vers telle limite, ou que telle fonction est continue, ou qu'elle a une dérivée.

Or les nombres que le physicien mesure par l'expérience ne lui sont jamais connus qu'approximativement ; et, d'autre part, une fonction quelconque diffère toujours aussi peu que l'on veut d'une fonction discontinue, et en même temps elle diffère aussi peu que l'on veut d'une fonction continue.

Le physicien peut donc supposer à son gré, que la fonction étudiée est continue, ou qu'elle est discontinue ; qu'elle a une dérivée, ou qu'elle n'en a pas; et cela sans crainte d'être jamais contredit, ni par l'expérience actuelle, ni par aucune expérience future. On conçoit, qu'avec cette liberté, il se joue des difficultés qui arrêtent l'analyste.

Il peut toujours raisonner comme si toutes les fonctions qui s'introduisent dans ses calculs étaient des polynômes entiers.

Ainsi l'aperçu qui suffit à la physique n'est pas le raisonnement qu'exige l'analyse. Il ne s'en suit pas que l'un ne puisse aider à trouver l'autre.

On a déjà transformé en démonstrations rigoureuses tant d'aperçus physiques que cette transformation est aujourd'hui facile.

Chapitre V

Les exemples abonderaient si je ne craignais, on les citant, de fatiguer l'attention du lecteur.

J'espère en avoir assez dit pour montrer que l'analyse pure et la physique mathématique peuvent se servir l'une l'autre sans se faire l'une à l'autre aucun sacrifice et que chacune de ces deux sciences doit se réjouir de tout ce qui élève son associée.

Henri Poincaré

Chapitre VI
L'Astronomie

Les Gouvernements et les Parlements doivent trouver que l'Astronomie est une des sciences qui coûtent le plus cher : le moindre instrument coûte des centaines de mille francs, le moindre Observatoire coûte des millions; chaque éclipse entraîna à sa suite des crédits supplémentaires. Et tout cela pour des astres qui sont si loin, qui sont complètement étrangers à nos luttes électorales et n'y prendront vraisemblablement jamais aucune part. Il faut que nos hommes politiques aient conservé un reste d'idéalisme, un vague instinct de ce qui est grand; vraiment, je crois qu'ils ont été calomniés; il convient de les encourager et de leur bien montrer que cet instinct ne tes trompe pas, et qu'ils ne sont pas dupes de cet idéalisme.

On pourrait bien leur parler de la marine, dont personne ne peut méconnaître l'importance, et qui a besoin de l'Astronomie. Mais ce serait prendre la question par son petit côté.

L'Astronomie est utile, parce qu'elle nous élève au-dessus dé nous-mêmes ; elle est utile, parce qu'elle est grande ; elle est utile, parce qu'elle est belle ; voilà ce qu'il faut dire. C'est elle qui nous montre combien l'homme est petit par le corps et combien il est grand par l'esprit, puisque cette immensité éclatante où son corps n'est qu'un point obscur, son intelligence peut l'embrasser tout entière et en goûter la silencieuse harmonie. Nous atteignons ainsi à la conscience de notre force, et c'est là ce que nous ne saurions acheter trop cher, parce que cette conscience nous rend plus forts.

Mais ce que je voudrais vous montrer avant tout, c'est à quel point l'Astronomie a facilité l'œuvre des autres sciences, plus directement utiles, parce que c'est elle qui nous a fait une âme capable de comprendre la nature.

Chapitre VI

Vous figurez-vous combien l'humanité serait diminuée, si, sous un ciel constamment couvert de nuages, comme doit l'être celui de Jupiter, elle avait éternellement ignoré les astres? Croyez-vous que, dans un pareil monde, nous serions ce que nous sommes? J'entends bien que sous cette sombre voûte, nous aurions été privés de la lumière du Soleil, nécessaire à des organismes comme ceux qui habitent la Terre. Mais, si voulez bien, nous admettrons que ces nuages sont phosphorescents et qu'ils répandent une lueur douce et constante. Puisque nous sommes en train de faire des hypothèses, une hypothèse de plus ne nous coûtera pas davantage. Eh bien ! je répète ma question: croyez-vous que, dans un pareil monde, nous serions ce que nous sommes?

C'est que les astres ne nous envoient pas seulement cette lumière visible et grossière qui frappe nos yeux de chair, c'est d'eux aussi que nous vient une lumière bien autrement subtile, qui éclaire nos esprits et dont je vais essayer de vous montrer les effets. Vous savez ce qu'était l'homme sur la Terre, il y a quelques milliers d'années, et ce qu'il est aujourd'hui. Isolé au milieu d'une nature où tout pour lui était mystère, effaré à chaque manifestation inattendue de forces incompréhensibles, il était incapable de voir dans la conduite de l'univers autre chose que le caprice ; il attribuait tous les phénomènes à l'action d'une multitude de petits génies fantasques et exigeants, et, pour agir sur le monde, il cherchait à se les concilier par des moyens analogues à ceux qu'on emploie pour gagner les bonnes grâces d'un ministre ou d'un député. Ses insuccès mêmes ne l'éclairaient pas, pas plus qu'aujourd'hui un solliciteur éconduit ne te décourage au point de cesser de solliciter.

Henri Poincaré

Aujourd'hui, nous ne sollicitons plus la Nature : nous lui commandons, parce que nous avons découvert quelques-uns de ses secrets et que nous en découvrons chaque jour de nouveaux. Nous lui commandons au nom de lois qu'elle ne peut récuser, parce que ce sont les siennes; ces lois, nous ne lui demandons pas follement de les changer, nous sommes les premiers à nous y soumettre. Naturx non imperatur nisi parendo.

Quel changement ont dû subir nos âmes pour passer d'un état à l'autre ! Croit-on que, sans les leçons des astres, sous le ciel perpétuellement nuageux que je supposais tout à l'heure, elles auraient changé si vite ? La métamorphose aurait-elle été possible, ou du moins n'aurait-elle pat été beaucoup plus lente ?

Et d'abord, c'est l'Astronomie qui nous a appris qu'il y a des lois. Les Chaldéens qui, les premiers, ont regardé le ciel avec quelque attention, ont bien vu que cette multitude de points lumineux n'est pas une foule confuse errant à l'aventure, mais plutôt une armée disciplinée. Sans doute, les règles de cette discipline leur échappaient, mais le spectacle harmonieux de la nuit étoilée suffisait pour leur donner l'impression de la régularité, et c'était déjà beaucoup. Ces règles, d'ailleurs, Hipparque, Ptolémée, Copernic, Kepler les ont discernées l'une après l'autre, et, enfin, il est inutile de rappeler que c'est Newton qui a énoncé la plus ancienne, la plus précise, la plus simple, la plus générale de toutes les lois naturelles.

Et alors, avertis par cet exemple, nous avons mieux regardé notre petit monde terrestre et, sous le désordre apparent, là aussi nous avons retrouvé l'harmonie que l'étude du Ciel nous avait fait connaître. Lui aussi est régulier, lui aussi obéit à des lois immuables, mais elles sont plus compliquées,

Chapitre VI

en conflit apparent les unes avec les autres, et un œil qui n'aurait pas été accoutumé à d'autres spectacles, n'y aurait vu que le chaos et le règne du hasard ou du caprice. Si nous n'avions pas connu les astres, quelques esprits hardis auraient peut-être cherché à prévoir les phénomènes physiques; mais leurs insuccès auraient été fréquents et ils n'auraient excité que la risée du vulgaire ; ne voyons-nous pas que, même de nos jours, les météorologistes se trompent quelquefois, et que certaines personnes sont portées à en rire.

Combien de fois, les physiciens, rebutés partant d'échecs, ne se seraient-ils pas laissés aller au découragement, s'ils n'avaient eu, pour soutenir Jour confiance, l'exemple éclatant du succès des astronomes! Ce succès leur montrait que la Nature obéit à des lois; il ne leur restait plus qu'à savoir à quelles lois; pour cela, ils n'avaient besoin que de patience, et ils avaient le droit de demander que les sceptiques leur fissent crédit.

Ce n'est pas tout : l'Astronomie ne nous a pas appris seulement qu'il y a des lois, mais que ces lois sont inéluctables, qu'on ne transige pas avec elles ; combien de temps nous aurait-il fallu pour le comprendre, si nous n'avions connu que le monde terrestre, où chaque force élémentaire nous apparaît toujours comme en lutte avec d'autres forces ? Elle nous a appris que les lois sont infiniment précises, et que si celles que nous énonçons sont approximatives, c'est parce que nous les connaissons mal. Aristote, l'esprit le plus scientifique de l'antiquité, accordait encore une part à l'accident, au hasard, et semblait penser que les lois de la Nature, au moins ici-bas, ne déterminent que les grands traits des phénomènes. Combien la précision toujours croissante des prédictions astronomiques a-t-elle contribué à faire justice d'une telle

Henri Poincaré

erreur qui aurait rendu la Nature inintelligible !

Mais ces lois ne sont-elles pas locales, variables d'un point à l'autre, comme celles que font les hommes ; ce qui est la vérité dans un coin de l'univers, sur notre globe, par exemple, ou dans notre petit système solaire, ne va-t-il pas devenir l'erreur un peu plus loin ? Et alors ne pourra-t-on pas se demander si les lois dépendant de l'espace ne dépendent pas aussi du temps, si elles ne sont pas de simples habitudes, transitoires, par conséquent, et éphémères ? C'est encore l'Astronomie qui va répondre à cette question. Regardons les étoiles doubles; toutes décrivent des coniques ainsi, si loin que porte le télescope, il n'atteint pas les limites du domaine qui obéit à la loi de Newton.

Il n'est pas jusqu'à la simplicité de cette loi qui ne soit une leçon pour nous ; que de phénomènes compliqués contenus dans les deux lignes de son énoncé; les personnes qui ne comprennent pas la Mécanique céleste peuvent s'en rendre compte du moins en voyant la grosseur des traités consacrés à cette science ; et alors il est permis d'espérer que la complication des phénomènes physiques nom dissimule également je ne sais quelle cause simple encore inconnue.

C'est donc l'Astronomie qui nous a montré quels sont les caractères généraux des lois naturelle ; mais, parmi ces caractères, il y en a un, le plus subtil et le plus important de tous, sur lequel je vous demanderai la permission d'insister un peu.

Comment l'ordre de l'univers était-il compris par les anciens; par exemple par Pythagore, Platon ou Aristote ? C'était ou un type immuable fixé une fois pour toutes, ou un

idéal dont le monda cherchait à se rapprocher. C'est encore
ainsi que pensait Kepler lui-même quand, par exemple, il
cherchait si les distances des planètes au Soleil n'avaient
pas quelque rapport avec les cinq polyèdres réguliers. Cette
idée n'avait rien d'absurde, mais elle eût été stérile, puisque
ce n'est pas ainsi que la Nature est faite. C'est Newton qui
nous a montré qu'une loi n'est qu'une relation nécessaire
entre l'état présent du monde et son état immédiatement
postérieur. Toutes les autres lois, découvertes depuis, ne
sont pas autre chose, ce sont, en somme, des équations
différentielles ; mais c'est l'Astronomie qui nous en a
fourni le premier modèle sans lequel nous aurions sans
doute erré bien longtemps.

C'est elle aussi qui nous a le mieux appris à nous défier des
apparences. Le jour où Copernic a prouvé ce qu'on croyait
le plus stable était en mouvement, que ce qu'on croyait
mobile était fixe, il nous a montré combien pouvaient
être trompeurs les raisonnements enfantins qui sortent
directement des données immédiates de nos sens; certes,
ses idées n'ont pas triomphé sans peine, mais, après ce
triomphe, il n'est plus de préjugé si invétéré que nous ne
soyons de force à secouer. Cornaient estimer le prix de
l'arme nouvelle ainsi conquise ?

Les anciens croyaient que tout était fait pour l'homme, et
il faut croire que cette illusion est bien tenace, puisqu'il
faut sans cesse la combattre. Il faut pourtant qu'on
s'en dépouille; ou bien on ne sera qu'un éternel myope,
incapable de voir la vérité. Pour comprendre la Nature,
il faut pouvoir sortir de soi-même, pour ainsi dire, et la
contempler de plusieurs points de vue différents; sans
cela, on n'en connaîtra jamais qu'un côté. Or, sortir de lui-
même, c'est ce que ne peut faire celui qui rapporte tout à
lui-même. Qui donc nous a délivrés de cette illusion? Ce

furent ceux qui nous ont montré que la Terre n'est qu'une des plus petites planètes du Système solaire, et que le Système solaire, lui-même, n'est qu'un point imperceptible dans les espaces infinis de l'Univers stellaire.

En même temps, l'Astronomie nous apprenait à ne pas nous effrayer des grands nombres, et cela était nécessaire, non seulement pour connaître le Ciel, mais pour connaître la Terre elle-même ; et cela n'était pas aussi facile qu'il nous le semble aujourd'hui.

Essayons de revenir en arrière et de nous figurer ce qu'aurait pensé un Grec à qui l'on serait venu dire que la lumière rouge vibre quatre cent millions de millions de fois par seconde. Sans aucun doute, une pareille assertion lui aurait paru une pure folie et il ne se serait jamais abaissé à la contrôler. Aujourd'hui, une hypothèse ne nous paraîtra plus absurde, parce qu'elle nous oblige à imaginer des objets beaucoup plus grands ou beaucoup plus petits que ceux que nos sens sont capables de nous montrer, et nous ne comprenons plus ces scrupules qui arrêtaient nos devanciers et les empêchaient de découvrir certaines vérités simplement parce qu'ils en avaient peur. Mais pourquoi ? c'est parce que nous avons vu le Ciel s'agrandir et s'agrandir sans cesse ; parce que nous savons que le Soleil est à 150 millions de kilomètres de la Terre et que les distances des étoiles les plus rapprochées sont des centaines de mille fois plus grandes encore. Habitués à contempler l'infiniment grand, nous sommes devenus aptes à comprendre l'infiniment petit. Grâce à l'éducation qu'elle a reçue, notre imagination, comme l'œil de l'aigle que le Soleil n'éblouit pas, peut regarder la vérité face à face.

Avais-je tort dédire que c'est l'Astronomie qui nous a fait une âme capable de comprendre la Nature ; que, sous un ciel toujours nébuleux et privé d'astres, la Terre elle-même eût été pour nous éternellement inintelligible ; que nous n'y aurions vu que le caprice et le désordre, et que, ne connaissant pas le monde, nous n'aurions pu l'asservir? Quelle science eût pu être plus utile ? Et en parlant ainsi je me place au point de vue de ceux qui n'estiment que les applications pratiques. Certes, ce point de vue n'est pas le mien ; moi, au contraire, di j'admire les conquêtes de l'industrie, c'est surtout parce qu'en nous affranchissant des soucis matériels, elles donneront un jour à tous le loisir de contempler la Nature ; je ne dis pas : la Science est utile, parce qu'elle nous apprend à construire des machines; je dis: les machines sont utiles, parce qu'en travaillant pour nous, elles nous laisseront un jour plus de temps pour faire de la science. Mais enfin il n'est pas indifférent de remarquer qu'entre les deux points de vue il n'y a pas de désaccord, et que l'homme ayant poursuivi un but désintéressé, tout le reste lui est venu par surcroît.

Auguste Comte a dit, je ne sais où, qu'il serait vain de chercher à connaître la composition du Soleil, parce que cette connaissance ne pourrait être d'aucune utilité pour la Sociologie. Comment a-t-il pu avoir la vue si courte ? Ne venons-nous pas de voir que c'est par l'Astronomie que, pour parler son langage, l'humanité est passée de l'état théologique à l'état positif. Cela, il s'en est rendu compte, parce que c'était fait.

Mais comment n'a-t-il pas compris que ce qui restait à faire n'était pas moins considérable et ne serait pas moins profitable ? L'Astronomie physique, qu'il semble condamner, a déjà commencé A nous donner des fruits, et elle nous en donnera bien d'autres, car elle ne date que d'hier.

Henri Poincaré

Tout d'abord, on a reconnu la nature du Soleil, que le fondateur du positivisme voulait nous interdire, et on y a trouvé des corps qui existent sur la Terre et qui y étaient restés inaperçus ; par exemple, l'hélium, ce gaz presque aussi léger que l'hydrogène. C'était déjà pour Comte un premier démenti. Mais à la spectroscopie, nous devons un enseignement bien autrement précieux ; dans les étoiles les plus lointaines, elle nous montre les mêmes substances; on aurait pu se demander si les éléments terrestres n'étaient pas dus à quelque hasard qui aurait rapproché des atomes plus ténus pour en construire l'édifice plus complexe que les chimistes nomment atome ; si, dans d'autres régions de l'univers, d'autres rencontres fortuites n'avaient pas pu engendrer des édifices entièrement différents. Nous savons maintenant qu'il n'en est rien, que les lois de notre chimie sont des lois générales de la Nature et qu'elles ne doivent rien au hasard qui nous a fait naître sur la Terre.

Mais, dira-t-on, l'Astronomie a donné aux autres sciences tout ce qu'elle pouvait leur donner, et maintenant que le Ciel nous a procuré les instruments qui nous permettent d'étudier la nature terrestre, il pourrait, sans danger se voiler pour toujours. Après ce que nous venons de dire, est-il besoin de répondre à cette objection? On aurait pu raisonner de même du temps de Ptolémée ; alors aussi, on croyait tout savoir, et on avait encore presque tout à apprendre.

Les astres sont des laboratoires grandioses, des creusets gigantesques, comme aucun chimiste ne pourrait en rêver. Il y règne des températures qu'il nous est impossible de réaliser. Leur seul, défaut, c'est d'être un peu loin; mais le télescope va les rapprocher de nous, et alors nous verrons comment la matière s'y comporte. Quelle bonne fortune pour le physicien et le chimiste !

Chapitre VI

La matière s'y montrera à nous sous mille états divers, depuis ces gaz raréfiés qui semblent former les nébuleuses et qui s'illuminent de je ne sais quelle lueur d'origine mystérieuse, jusqu'aux étoiles incandescentes et aux planètes si voisines et pourtant si différentes de nous.

Peut-être même les astres nous apprendront-ils un jour quelque chose sur la vie ; cela semble un rêve insensé, et je ne vois pas du tout comment il pourrait se réaliser; mais, il y a cent ans, la chimie des astres n'aurait-elle pas paru aussi un rêve insensé ?

Mais bornons nos regards à des horizons moins lointains, il nous restera encore des promesses moins aléatoires et bien assez séduisantes. Si le passé nous a beaucoup donné, nous pouvons être assurés que l'avenir nous donnera plus encore.

En résumé, on ne saurait croire combien la croyance à l'Astrologie a été utile à l'humanité. Si Kepler et Tycho-Brahé ont pu vivre, c'est parce qu'ils vendaient à des rois naïfs des prédictions fondées sur les conjonctions des astres. Si ces princes n'avaient pas été si crédules, nous continuerions peut-être à croire que la Nature obéit au caprice, et cous croupirions encore dans l'ignorance.

Henri Poincaré

Chapitre VII

L'Histoire
de la Physique
Mathématique

Le Passé et l'Avenir de la Physique — Quel est l'état actuel de la Physique Mathématique ? Quels sont les problèmes qu'elle est amenée à se poser ? Quel est son avenir ? Son orientation est-elle sur le point de se modifier ? Le but et les méthodes de cette science vont-ils apparaître dans dix ans à nos successeurs immédiats sous le même jour qu'à nous-mêmes ; ou au contraire allons-nous assister à une transformation profonde ? Telles sont les questions que nous sommes forcés de soulever, en abordant aujourd'hui notre enquête.

S'il est facile de les poser, il est difficile d'y répondre. Si nous nous sentions tentés de risquer un pronostic, nous résisterions aisément à cette tentation en songeant à toutes les sottises qu'auraient dites les savants les plus éminents d'il y a cent ans, si on leur avait demandé ce que serait la science au XIXe siècle. Ils auraient cru être hardis dans leurs prédictions, et combien, après l'événement, nous les trouverions timides. N'attendez donc de moi aucune prophétie.

Mais si, comme tous les médecins prudents, je répugne à donner un pronostic, je ne puis pourtant me dispenser d'un petit diagnostic; eh bien, oui, il y a des indices d'une crise sérieuse, comme si nous devions nous attendre à une transformation prochaine. Ne soyons pas toutefois trop inquiets. Nous sommes assurés que la malade n'en mourra pas et même nous pouvons espérer que cette crise sera salutaire, car l'histoire du passé semble nous le garantir. Cette crise en effet n'est pas la première et il importe, pour la comprendre, de se rappeler celles qui l'ont précédée. Pardonnez-moi donc un court historique.

La Physique des forces centrales. — La Physique Mathématique, nous le savons, est née de la Mécanique céleste qui l'a engendrée à la fin du XVIIIe siècle, au moment où elle venait elle-même d'atteindre son complet développement. Dans ses premières années surtout, l'enfant ressemblait à sa mère d'une manière frappante.

L'Univers astronomique est formé de masses, très grandes sans doute, mais séparées par des distances tellement immenses qu'elles ne nous apparaissent que comme des points matériels; ce» points s'attirent en raison inverse du carré des distances et cette attraction est la seule force qui influe sur leurs mouvements. Mais si nos sens étaient assez subtils pour nous montrer tous les détails des corps qu'étudie le physicien, le spectacle que nous y découvririons différerait à peine de celui que contemple l'astronome. Là aussi nous verrions des points matériels séparés les uns des autres par des intervalles énormes par rapport à leurs dimensions et décrivant des orbites suivant des lois régulières. Ces astres infiniment petits, ce sont les atomes. Comme les astres proprement dits, ils s'attirent ou se repoussent, et cette attraction on cette répulsion, dirigée suivant la droite qui les joint, ne dépend que de la distance. La loi suivant laquelle cette force varie en fonction de la distance n'est peut-être pas la loi de Newton, mais c'est une loi analogue ; au lieu de l'exposant — 2, nous wons probablement un exposant différent, et c'est de ce changement d'exposant que sort tout la diversité des phénomènes physiques, la variété des qualités et des sensations, tout le monde coloré et sonore qui nous entoure, toute la Nature en un mot.

Telle est la conception primitive dans toute sa pureté. Il ne reste plus qu'à chercher dans les différents cas quelle valeur il convient de donner à cet exposant afin de rendre compte de tous les faits. C'est sur ce modèle que Laplace, par exemple, a construit sa belle théorie de la Capillarité; il ne la regarde que comme un cas particulier de l'attraction, ou,

Henri Poincaré

comme il dit, de la pesanteur universelle, et personne ne s'étonne de la trouver au milieu de l'un des cinq volumes de la Mécanique Céleste. Plus récemment, Briot croit avoir pénétré le dernier secret de l'Optique quand il a démontré que les atomes d'éther s'attirent en raison inverse de la 6e puissance de la distance ; et Maxwell, Maxwell lui-même, ne dit-il pas quelque part que les atomes des gaz se repoussent en raison inverse de la 5e puissance de la distance. Nous avons l'exposant — 6, ou — 5 au lieu de l'exposant — 2, mais c'est toujours un exposant.

Parmi les théories de cette époque, une seule fait exception, celle de Fourier, pour la propagation de la chaleur; il y a bien des atomes, agissant à distance, l'un sur l'autre ; ils s'envoient mutuellement de la chaleur, mais ils ne s'attirent pas, ils ne bougent pas. A ce point de vue, la théorie de Fourier devait apparaître aux yeux de ses contemporains, à ceux de Fourier lui-même, comme imparfaite et provisoire.

Cette conception n'était pas sans grandeur; elle était séduisante, et beaucoup d'entre nous n'y ont pas définitivement renoncé ; ils savent qu'on n'atteindra les éléments ultimes des choses qu'en débrouillant patiemment l'écheveau compliqué que nous donnent nos sens; qu'il faut avancer pas à pas en ne négligeant aucun intermédiaire, que nos pères ont eu tort de vouloir brûler les étapes, mais ils croient que quand on arrivera à ces éléments ultimes, on y retrouvera la simplicité majestueuse de la Mécanique Céleste.

Cette conception n'a pas non plus été inutile ; elle nous a rendu un service inappréciable, puisqu'elle a contribué à préciser en nous la notion fondamentale de la loi physique. Je m'explique ; comment les anciens comprenaient-ils la

Loi ? C'était pour eux une harmonie interne, statique pour ainsi dire et immuable ; ou bien c'était comme un modèle que la nature s'efforçait d'imiter. Une loi, pour nous, ce n'est plus cela du tout ; c'est une relation constante entre le phénomène d'aujourd'hui et celui de demain; en un mot, c'est une équation différentielle.

Voilà la forme idéale de la loi physique ; eh bien, c'est la loi de Newton qui l'a revêtue la première. Si ensuite on a acclimaté cette forme en physique, c'est précisément en copiant autant que possible cette loi de Newton, c'est en imitant la Mécanique Céleste. C'est là, d'ailleurs, l'idée que je me suis efforcé de faire ressortir au chapitre VI.

La Physique des principes. — Néanmoins, il est arrivé un jour où la conception des forces centrales n'a plus paru suffisante, et c'est la première de ces crises dont je vous parlais tout à l'heure.

Que fit-on alors? On renonça à pénétrer dans le détail de la structure de l'univers, à isoler les pièces de ce vaste mécanisme, à analyser une à une les forces qui les mettent en branle et on se contenta de prendre pour guides certains principes généraux qui ont précisément pour objet de nous dispenser de cette étude minutieuse. Comment cela ? Supposons que nous ayons en face de nous une machine quelconque ; le rouage initial et le rouage final sont seuls apparents, mais les transmissions, les rouages intermédiaires par lesquels le mouvement se communique de l'un à l'autre sont cachés à l'intérieur et échappent à notre vue ; nous ignorons si la communication se fait par des engrenages ou par des courroies, par des bielles ou par d'autres dispositifs. Dirons-nous qu'il nous est impossible de rien comprendre à cette machine tant qu'on ne nous permettra pas de la démonter ? Vous savez bien que non

Henri Poincaré

et que le principe de la conservation de l'énergie suffit pour nous fixer sur le point le plus intéressant; nous constatons aisément que la roue finale tourne dix fois moins vite que la roue initiale, puisque ces deux roues sont visibles; nous pouvons en conclure qu'un couple appliqué à la première fera équilibre à un couple dix fois plus grand appliqué à la seconde. Point n'est besoin pour cela de pénétrer le mécanisme de cet équilibre et de savoir comment les forces se compenseront à l'intérieur de la machine ; c'est assez de s'assurer que cette compensation ne peut pas ne pas se produire.

Eh bien, en présence de l'univers, le principe de la conservation de l'énergie peut nous rendre le même service. C'est aussi une machine beaucoup plus compliquée que toutes celles de l'industrie, et dont presque toutes les parties nous sont profondément cachées; mais en observant le mouvement de celles que nous pouvons voir, nous pouvons, en nous aidant de ce principe, tirer des conclusions qui resteront vraies quels que soient les détails du mécanisme invisible qui les anime.

Le principe de la conservation de l'énergie, ou principe de Mayer, est certainement le plus important, mais ce n'est pas le seul, il y en a d'autres dont nous pouvons tirer le même parti. Ce sont:

Le principe de Carnot, ou principe de la dégradation de l'énergie ;

Le principe de Newton, ou principe de l'égalité de l'action et de la réaction ;

Le principe de la relativité, d'après lequel les lois des phénomènes physiques doivent être les mêmes, soit pour un observateur fixe, soit pour un observateur entraîné dans un mouvement de translation uniforme ; de sorts que nous n'avons et ne pouvons avoir aucun moyen de discerner si nous sommes, oui ou non, emportés dans un pareil mouvement ;

Le principe de la conservation de la masse, ou principe de Lavoisier ;

J'ajouterai le principe de moindre action.

L'application de ces cinq ou six principes généraux aux différents phénomènes physiques suffit pour nous en apprendre ce que nous pouvons raisonnablement espérer en connaître. Le plus remarquable exemple de cette nouvelle Physique Mathématique est sans contredit la théorie électromagnétique de la Lumière de Maxwell. Qu'est-ce que l'éther, comment sont disposées ses molécules, s'attirent-elles ou se repoussent-elles ? nous n'en savons rien; mais nous savons que ce milieu transmet à la fois les perturbations optiques et les perturbations électriques; nous savons que cette transmission doit se faire conformément aux principes généraux de la Mécanique et cela nous suffit pour établir les équations du champ électromagnétique.

Ces principes sont des résultats d'expériences fortement généralisés; mais ils semblent emprunter à leur généralité même un degré éminent de certitude. Plus ils sont généraux, en effet, plus on a fréquemment l'occasion de les contrôler et les vérifications, en se multipliant, en prenant les formes les plus variées et les plus inattendues, finissent par ne plus laisser de place au doute.

Utilité de l'ancienne Physique. — Telle est la seconde phase de l'histoire de la Physique Mathématique et

Henri Poincaré

nous n'en sommes pas encore sortis. Dirons-nous que la première a été inutile, que pendant cinquante ans la science a fait fausse route et qu'il n'y a plus qu'à oublier tant d'efforts accumulés qu'une conception vicieuse condamnait d'avance à l'insuccès ? Pas le moins du monde. Croyez-vous que la seconde phase aurait pu exister sans la première ? L'hypothèse des forces centrales contenait tous les principes; elle les entraînait comme des conséquences nécessaires; elle entraînait et la conservation de l'énergie, et celle des masses, et l'égalité de l'action et de la réaction, et la loi de moindre action, qui apparaissaient, il est vrai, non comme des vérités expérimentales, mais comme des théorèmes; et dont l'énoncé avait en même temps je ne sais quoi de plus précis et de moins général que sous leur forme actuelle.

C'est la Physique Mathématique de nos pères qui nous a familiarisés peu à peu avec ces divers principes, qui nous a habitués à les reconnaître sous les différents vêtements dont ils se déguisent. On les a comparés aux données de l'expérience, on a vu comment il fallait en modifier l'énoncé pour les adapter à ces données; par là on les a élargis et consolidés. On a été conduit ainsi à les regarder comme des vérités expérimentales; la conception des forces centrales devenait alors un soutien inutile, ou plutôt une gêne, puisqu'elle faisait participer les principes de son caractère hypothétique.

Les cadres ne se sont donc pas brisés parce qu'ils étaient élastiques ; mais ils se sont élargis ; nos pères, qui les avaient établis, n'avaient pas travaillé en vain ; et nous reconnaissons dans la science d'aujourd'hui les traits généraux de l'esquisse qu'ils avaient tracée.

La Crise Actuelle de la Physique Mathématique

La crise nouvelle. — Allons-nous entrer maintenant dans une troisième phase ? Sommes-nous à la veille d'une seconde crise ? Ces principes sur lesquels nous avons tout bâti vont-ils s'écrouler à leur tour ? Depuis quelque temps, on peut se le demander.

En m'entendant parler ainsi, vous pensez sans doute au radium, ce grand révolutionnaire des temps présents, et en effet je vais y revenir tout à l'heure ; mais il y a autre chose ; ce n'est pas seulement la conservation de l'énergie qui est en cause ; tous les autres principes sont également en danger, comme nous allons le voir en les passant successivement en revue.

Le principe de Carnot. —Commençons par le principe de Carnot. C'est le seul qui ne se présente pas comme une conséquence immédiate de /hypothèse des forces centrales; bien mieux, il semble sinon contredire directement cette hypothèse, du moins ne pas se concilier avec elle sans un certain effort. Si les phénomènes physiques étaient dus exclusivement aux mouvements d'atomes dont les attractions mutuelles ne dépendraient que de la distance, il semble que tous ces phénomènes devraient être réversibles; si toutes les vitesses initiales étaient renversées, ces atomes toujours soumis aux mêmes forces devraient parcourir leurs trajectoires en sens contraire, de même que la terre décrirait dans le sens rétrograde cette même orbite elliptique qu'elle décrit dans le sens direct, si les conditions initiales de son mouvement avaient été renversées. A ce compte, si un phénomène physique est possible, le phénomène .inverse doit l'être également et on doit pouvoir remonter le cours du temps. Or, il n'en est pas ainsi dans la Nature, et c'est précisément ce que le principe de Carnot nous enseigne, la chaleur peut passer du corps chaud sur le corps froid, et il est impossible ensuite de lui faire reprendre le chemin inverse et de rétablir des différences de température qui se sont effacées. Le mouvement peut être intégralement dissipé et transformé en chaleur par le frottement; la transformation contraire ne pourra jamais se faire que d'une manière partielle.

On s'est efforcé de concilier cette apparente contradiction. Si le monde tend vers l'uniformité, ce n'est pas parce que ses parties ultimes, d'abord dissemblables, tendent à devenir de moins en moins différentes, c'est parce que, se déplaçant au hasard, elles finissent par se mélanger. Pour un œil qui distinguerait tous les éléments, la variété resterait toujours aussi grande ; chaque grain de cette poussière conserve son originalité et ne se modèle pas sur ses voisins ; mais comme le mélange devient de plus en plus intime, nos sens grossiers n'aperçoivent plus que l'uniformité. Voilà pourquoi, par exemple, les températures tendent à se niveler sans qu'il soit possible de revenir en arrière.

Qu'une goutte de vin tombe dans un verre d'eau; quelle que soit la loi du mouvement interne du liquide, nous le verrons bientôt se colorer d'une teinte rosée uniforme et à partir de ce moment on aura beau agiter le vase, le vin et l'eau ne paraîtront plus pouvoir se séparer. Ainsi voici quel serait le type du phénomène physique irréversible: cacher un grain d'orge dans un tas de blé, c'est facile ; l'y retrouver ensuite et l'en faire sortir, c'est pratiquement impossible. Tout cela, Maxwell et Boltzmann l'ont expliqué. mais celui qui l'a vu le plus nettement, dans un livre trop peu lu parce qu'il est un peu difficile à lire, c'est Gibbs, dam ses principes de Mécanique Statistique.

Pour ceux qui se placent à ce point de vue, le principe de Carnot n'est qu'un principe imparfait, une sorte de concession à l'infirmité de nos sens ; c'est parce que nos

Henri Poincaré

yeux sont trop grossiers que nous ne distinguons pas les éléments du mélange ; c'est parce que nos mains sont trop grossières que nous ne savons pas les forcer à se séparer ; le démon imaginaire de Maxwell, qui peut trier les molécules une à une, saurait bien contraindre le monde à revenir en arrière. Y peut-il revenir de lui-même, cela n'est pas impossible, cela n'est qu'infiniment peu probable ; il y a des chances pour que nous attendions longtemps le concours des circonstances qui permettraient une rétrogradation; mais, tôt ou tard, elles se réaliseront, après des années dont il faudrait des millions de chiffres pour écrire le nombre. Ces réserves, cependant, restaient tous théoriques, elles n'étaient pas bien inquiétantes, et le principe de Carnot conservait toute sa valeur pratique. Mais voici que la scène change. Le biologiste, armé de son microscope, a remarqué il y a longtemps dans ses préparations des mouvements désordonnés des petites particules on suspension ; c'est le mouvement brownien. Il a cru d'abord que c'était un phénomène vital, mais il a vu bientôt que les corps inanimés ne dansaient pas avec moins d'ardeur que les autres ; il a alors passé la main aux physiciens. Malheureusement, les physiciens se sont longtemps désintéressés de celte question ; on concentre de la lumière pour éclairer la préparation microscopique, pensaient ils; la lumière ne va pas sans chaleur, de là des inégalités de température, et dans le liquide des courants intérieurs qui produisent les mouvements dont on nous parle.

M. Gouy eut l'idée d'y regarder de plus près et il vit, ou crut voir, que cette explication est insoutenable, que les mouvements deviennent d'autant plus vifs que les particules sont plus petites, mais qu'ils ne sont pas influencés par le mode d'éclairage. Si alors ces mouvements ne cessent pas, ou plutôt renaissent sans cesse, sans rien emprunter à une source extérieure d'énergie ; que devons nous croire

? Nous ne devons pas, sans doute, renoncer pour cela à la conservation de l'énergie, mais nous voyons sous nos yeux tantôt le mouvement se transformer en chaleur par le frottement, tantôt la chaleur se changer inversement en mouvement, et cela sans que rien ne se perde, puisque le mouvement dure toujours. C'est le contraire du principe de Carnot. S'il en est ainsi, pour voir le monde revenir en arrière, nous n'avons plus besoin de l'œil infiniment subtil du démon de Maxwell, notre microscope nous suffit. Les corps trop gros, ceux qui ont, par exemple, un dixième de millimètre, sont heurtés de tous les côtés par les atomes en mouvement, mais ils ne bougent pas parce que ces chocs sont très nombreux et que la loi du hasard veut qu'ils se compensent ; mais les particules plus petites reçoivent trop peu de chocs pour que cette compensation se fasse à coup sûr et sont incessamment ballottées. Et voilà déjà l'un de nos principes en péril.

Le principe de relativité. - Venons au principe de relativité ; celui-là non seulement est confirmé par l'expérience quotidienne, non seulement il est une conséquence nécessaire de l'hypothèse des forces centrales, mais il s'impose à notre bon sens d'une façon irrésistible ; et pourtant lui aussi est battu en brèche. Supposons deux corps électrisés; bien qu'ils nous semblent en repos, ils sont l'un et l'autre entraînés par le mouvement de la Terre ; une charge électrique en mouvement, Rowland nous l'a appris, équivaut à un courant; ces deux corps chargés équivaudront donc à deux courants parallèles et de même sens et ces deux courants devront s'attirer. En mesurant cette attraction, nous mesurerons la vitesse de la Terre ; non pas sa vitesse par rapport au Soleil ou aux Etoiles fixes, mais sa vitesse absolue.

Je sais bien ce qu'on va dire, ce n'est pas sa vitesse absolue

Henri Poincaré

que l'on mesure, c'est sa vitesse par rapport à l'éther. Que cela est peu satisfaisant ! Ne voit-on pas que du principe ainsi compris on ne pourra plus rien tirer? Il ne pourrait plus rien nous apprendre justement parce qu'il ne craindrait plus aucun démenti. Si nous parvenons à mesurer quelque chose, nous serons toujours libres de dire que ce n'est pas la vitesse absolue, et si ce n'est pas la vitesse par rapport à l'éther, cela pourra toujours être la vitesse par rapport à quelque nouveau fluide inconnu dont nous remplirions l'espace.

Aussi bien l'expérience s'est chargée de ruiner cette interprétation du principe de relativité ; toutes les tentatives pour mesurer la vitesse de la Terre par rapport à l'éther ont abouti à des résultats négatifs. Cette fois la physique expérimentale a été plus fidèle aux principes que la Physique Mathématique ; les théoriciens en auraient fait bon marché afin de mettre en concordance leurs autres vues générales ; mais l'expérience s'est obstinée à le confirmer. On a varié les moyens, enfin Michelson a poussé la précision jusqu'à ses dernières limites; rien n'y a fait. C'est précisément pour expliquer cette obstination que les mathématiciens sont forcés aujourd'hui de déployer toute leur ingéniosité.

Leur tâché n'était pas facile, et si Lorentz s'en est tiré, ce n'est qu'en accumulant les hypothèses.

L'idée la plus ingénieuse a été celle du temps local. Imaginons deux observateurs qui veulent régler leurs montres par des signaux optiques; ils échangent des signaux, mais comme ils savent que la transmission de la lumière n'est pas instantanée, ils prennent soin de les croiser. Quand la station B aperçoit le signal de la station A, son horloge ne doit pas marquer la même heure que celle de la station A au moment de l'émission du signal, mais cette heure augmentée d'une constante représentant la durée de la transmission. Supposons, par exemple, que la station A envoie son signal quand son horloge marque l'heure zéro, et que la station B l'aperçoive quand son horloge marque l'heure t. Les horloges sont réglées si le retard égal à t représente la durée de la transmission, et pour le vérifier la station B expédie à son tour un signal quand son horloge marque zéro, la station A doit alors l'apercevoir quand son horloge marque zéro. Les montres sont alors réglées.

Et en effet elles marquent la même heure au même instant physique, mais à une condition, c'est que les deux stations soient fixes. Dans le cas contraire, la durée de la transmission ne sera pas la même dans les deux sens, puisque la station A par exemple marche au devant de la perturbation optique émanée de B, tandis que la station B fuit devant la perturbation émanée de A. Les montres réglées de la sorte ne marqueront donc pas le temps vrai, elles marqueront ce qu'on peut appeler le temps local, de sorte que l'une d'elles retardera sur l'autre. Peu importe, puisque nous n'avons aucun moyen de nous en apercevoir. Tous les phénomènes qui se produiront en A par exemple seront en retard, mais tous le seront également, et l'observateur ne s'en apercevra pas puisque sa montre retarde ; ainsi, comme le veut le principe de relativité, il n'aura aucun moyen de savoir s'il est en repos ou en mouvement absolu.

Cela malheureusement ne suffit pas, et il faut des hypothèses complémentaires ; il faut admettre que les corps en mouvement subissent une contraction uniforme dans le sens du mouvement. L'un des diamètres de la Terre par exemple est raccourci de 1/200000000 par suite du mouvement de notre planète, tandis que l'autre

Henri Poincaré

diamètre conserve sa longueur normale. Ainsi se trouvent compensées les dernières petites différences. Et puis il y a encore l'hypothèse sur les forces. Les forces, quelle que soit leur origine, la pesanteur comme l'élasticité, seraient réduites dans une certaine proportion, dans un monde animé d'une translation uniforme, ou plutôt c'est ce qui arriverait pour les composantes perpendiculaires à la translation : les composantes parallèles ne changeraient pas. Reprenons alors notre exemple de deux corps électrisés ; ces corps se repoussent, mais en même temps, si tout est entraîné dans une translation uniforme, ils équivalent à deux courants parallèles et de même sens qui s'attirent.

Cette attraction électrodynamique se retranche donc de la répulsion électrostatique et la répulsion totale est plus faible que si les deux corps étaient eu repos. Mais comme, pour mesurer cette répulsion, nous devons l'équilibrer par une autre force, et que toutes ces autres forces sont réduites dans la même proportion, nous ne nous apercevons de rien. Tout semble ainsi arrangé, mais tous les doutes sont-ils dissipés ? Qu'arriverait-il si on pouvait communiquer par des signaux qui ne seraient plus lumineux et dont la vitesse de propagation différerait de celle de la lumière ? Si, après avoir réglé les montres par le procédé optique, on voulait vérifier le réglage à l'aide de ces nouveaux signaux, on constaterait des divergences qui mettraient en évidence la translation commune des deux stations. Et de pareils signaux sont-ils inconcevables, si l'on admet avec Laplace que la gravitation universelle se transmet un million de fois plus vite que la lumière ?

Ainsi le principe de relativité a été dans ces derniers temps vaillamment défendu, mais l'énergie même de la défense prouve combien l'attaque était sérieuse.

Le principe de Newton. — Parlons maintenant du principe de Newton, sur l'égalité de l'action et de la réaction. Celui-ci est intimement lié au précédent et il semble bien que la chute de l'un entraînerait celle de l'autre. Aussi ne devons-nous pas nous étonner de retrouver ici les mêmes difficultés.

J'ai déjà montré plus haut que les nouvelles théories faisaient bon marché de ce principe.

Les phénomènes électriques, d'après la théorie de Lorentz, sont dus aux déplacements de petites particules chargées appelées électrons et plongées dans le milieu que nous nommons éther. Les mouvements de ces électrons produisent des perturbations dans l'éther avoisinant ; ces perturbations se propagent dans tous les sens avec la vitesse de la lumière, et à leur tour d'autres électrons, primitivement en repos, se trouvent ébranlés quand la perturbation atteint les parties de l'éther qui les touchent. Les électrons agissent donc les uns sur les autres, mais cette action n'est pas directe, elle se fait par l'intermédiaire de l'éther. Dans ces conditions peut-il y avoir compensation entre l'action et la réaction, du moins pour un observateur qui ne tiendrait compte que des mouvements de la matière, c'est-à-dire des électrons, et qui ignorerait ceux de l'éther qu'il ne peut pas voir? Evidemment non. Quand même la compensation serait exacte elle ne saurait être simultanée. La perturbation se propage avec une vitesse finie ; elle n'atteint donc le second électron que quand le premier est depuis longtemps rentré dans le repos. Ce second électron subira donc, avec un retard, l'action du premier, mais certainement à ce moment il ne réagira pas sur lui puisqu'autour de ce premier électron rien ne bouge plus.

L'analyse des faits va nous permettre de préciser davantage.

Henri Poincaré

Imaginons, par exemple, un excitateur de Hertz comme ceux que l'on emploie en télégraphie sans fil ? il envoie de l'énergie dans tous les sens; mais nous pouvons le munir d'un miroir parabolique, comme l'a fait Hertz avec ses plus petits excitateurs, afin de renvoyer toute l'énergie produite dans une seule direction. Qu'arrive-t-il alors, d'après la théorie ? c'est que l'appareil va reculer, comme s'il était un canon et si l'énergie qu'il a projetée était un boulet, et cela est contraire au principe de Newton, puisque notre projectile ici n'a pas de masse, ce n'est pas de la matière, c'est de l'énergie. Il en est encore de même d'ailleurs avec un phare pourvu d'un réflecteur puisque la lumière n'est autre chose qu'une perturbation du champ électromagnétique. Ce phare devra reculer comme si la lumière qu'il envoie était un projectile. Quelle est la force qui doit produire ce recul ? c'est ce qu'on a appelé la pression Maxwell-Bartholdi ; elle est très petite et on a eu bien du mal à la mettre en évidence avec les radiomètres les plus sensibles ; mais il suffit qu'elle existe.

Si toute l'énergie issue de notre excitateur va tomber sur un récepteur, celui-ci se comportera comme s'il avait reçu un choc mécanique, qui représentera en un sens la compensation du recul de l'excitateur; la réaction sera égale à l'action, mais elle ne sera pas simultanée, le récepteur avancera, mais pas au moment où l'excitateur reculera. Si l'énergie se propage indéfiniment sans rencontrer de récepteur, la compensation ne se fera jamais.

Dira-t-on que l'espace qui sépare l'excitateur du récepteur et que la perturbation doit parcourir pour aller de l'un à l'autre n'est pas vide, qu'il est rempli, non seulement d'éther, mais d'air, ou même, dans les espaces interplanétaires, de quelque fluide subtil, mais encore pondérable ; que cette matière subit le choc comme le récepteur au moment où l'énergie l'atteint et recule à son tour quand la perturbation la quitte ? Cela sauverait le principe de Newton, mais cela n'est pas vrai; si l'énergie en se propageant restait toujours attachée à quelque substratum matériel, la matière en mouvement entraînerait la lumière avec elle et Fizeau a démontré qu'il n'en est rien, au moins pour l'air. C'est ce que Michelson et Morley ont confirmé depuis. On peut supposer aussi que les mouvements de la matière proprement dite sont exactement compensés par ceux de l'éther, mais cela nous amènerait aux mêmes réflexions que tout à l'heure. Le principe ainsi entendu pourra tout expliquer, puisque, quels que soient les mouvements visibles, on aura toujours la faculté d'imaginer des mouvements hypothétiques qui les compensent. Mais s'il peut tout expliquer, c'est qu'il ne nous permet de rien prévoir, il ne nous permet pas de choisir entre les différentes hypothèses possibles, puisqu'il explique tout d'avance. Il devient donc inutile.

Et puis les suppositions qu'il faudrait faire sur les mouvements de l'éther ne sont pas très satisfaisantes. Si les charges électriques doublent, il serait naturel d'imaginer que les vitesses des divers atomes d'éther doublent aussi, et, pour la compensation, il faut que la vitesse moyenne de l'éther quadruple.

C'est pourquoi j'ai longtemps pensé que ces conséquences de la théorie, contraires au principe de Newton, finiraient un jour par être abandonnées et pourtant les expériences récentes sur les mouvements des électrons issus du radium semblent plutôt les confirmer.

Le principe de Lavoisier. — J'arrive au principe de Lavoisier sur la conservation des masses. Certes, c'en est un auquel on ne saurait toucher sans ébranler la mécanique. Et maintenant certaines personnes pensent qu'il ne nous parait vrai que parce qu'on ne considère en mécanique que des vitesses modérées, mais qu'il cesserait de l'être pour des corps animés de vitesses comparables à celle de fa lumière. Or, ces vitesses, on croit maintenant les avoir réalisées ; les rayons cathodiques et ceux du radium seraient formés de particules très petites ou d'électrons qui se déplaceraient avec des vitesses, plus petites 6ans doute que celle de la lumière, mais qui en seraient le dixième ou le tiers.

Ces rayons peuvent être déviés soit par un champ électrique, soit par un champ magnétique, et on peut, en comparant ces déviations, mesurer à la fois la vitesse des électrons et leur masse (ou plutôt le rapport de leur masse à leur charge). Mais quand on a vu que ces vitesses se rapprochaient de celle de la lumière, on s'est avisé qu'une correction était nécessaire. Ces molécules, étant électrisées, ne peuvent se déplacer sans ébranler l'éther ; pour le» mettre en mouvement, il faut triompher d'une double inertie, de celle de la molécule elle-même et de celle de l'éther. La masse totale ou apparente que l'on mesure se compose donc de deux parties. la masse réelle ou mécanique de la molécule, et la masse électrodynamique représentant l'inertie de l'éther.

Les calculs d'Abraham et les expériences de Kauffman ont alors montré que la masse mécanique proprement dite est nulle et que la masse des électrons, ou au moins des électrons négatifs, est d'origine exclusivement électrodynamique. Voilà qui nous force à changer la définition de la masse ; nous ne pouvons plus distinguer la masse mécanique et la masse électrodynamique, parce qu'alors la première s'évanouirait; il n'y a pas d'autre masse que l'inertie électrodynamique ; mais dans ce cas la masse ne peut plus être constante, elle augmente avec la vitesse ; et même, elle dépend de la direction, et un corps animé

Chapitre VIII

d'une vitesse notable n'opposera pas la même inertie aux forces qui tendent à le dévier de sa route, et à celles qui tendent à accélérer ou à retarder sa marche.

Il y a bien encore une ressource: les éléments ultimes des corps sont des électrons, les uns chargés négativement, les autres chargés positivement. Les électrons négatifs n'ont pas de masse, c'est entendu ; mais les électrons positifs, d'après le peu qu'on en sait, semblent beaucoup plus gros. Peut-être ont-ils, outre leur masse électrodynamique, une vraie masse mécanique. La véritable masse d'un corps, ce serait alors la somme des masses mécaniques de ses électrons positifs, les électrons négatifs ne compteraient pas; la masse ainsi définie pourrait encore être constante.

Hélas! cette ressource aussi nous échappe. Rappelons-nous ce que nous avons dit au sujet du principe de relativité et des efforts faits pour la sauver. Et ce n'est pas seulement un principe qu'il s'agit de sauver, ce sont les résultats indubitable ? des expériences de Michelson. Eh bien, ainsi que nous l'avons vu plus haut, pour rendre compte de ces résultats, Lorentz a été obligé de supposer que toutes les forces, quelle que soit leur origine, étaient réduites dans la même proportion dans un milieu animé d'une translation uniforme ; ce n'est pas assez, il ne suffit pas que cela ait lieu pour les forces réelles, il faut encore qu'il en soit de même pour les forces d'inertie ; il faut donc, dit-il, que les masses de toutes les particules soient influencées par une translation au même degré que tes massa électromagnétiques des électrons. Ainsi les masses mécaniques doivent varier d'après les mêmes lois que les masses électrodynamiques; elles ne peuvent donc pas être constantes.

Ai-je besoin de faire observer que la chute du principe de

Henri Poincaré

Lavoisier entraîne celle du principe de Newton. Ce dernier signifie que le centre de gravité d'un système isolé se meut en ligne droite ; mais s'il n'y a plus de masse constante, il n'y a plus de centre de gravité, on ne sait même plus ce que c'est. C'est pourquoi j'ai dit plus haut que les expériences sur les rayons cathodiques avaient paru justifier les doutes de Lorentz au sujet du principe de Newton.

De tous ces résultats, s'ils se confirmaient, sortirait une mécanique entièrement nouvelle qui serait surtout caractérisée par ce fait qu'aucune vitesse ne pourrait dépasser celle de la lumière[1] pas plus qu'aucune température ne peut tomber au-dessous du zéro absolu. Pour un observateur, entraîné lui-même dans une translation dont il ne se doute pas, aucune vitesse apparente ne pourrait non plus dépasser celle de la lumière ; et ce serait là une contradiction, si l'on ne se rappelait que cet observateur ne se servirait pas des mêmes horloges qu'un observateur fixe, mais bien d'horloges marquant le « temps local ».

Nous voici alors en face d'une question que je me borne à poser. S'il n'y a plus de masse, que devient la loi de Newton?

La masse a deux aspects, c'est à la fois un coefficient d'inertie et une masse attirante entrant comme facteur dans l'attraction newtonienne. Si le coefficient d'inertie n'est pas constant, la masse attirante pourra-t-elle l'être ? Voilà la question.

Le principe de Mayer. - Du moins le principe de la conservation de l'énergie nous restait encore et celui-là

---

1 Car les corps opposeraient une inertie croissant»» aux causes qui tendraient à accélérer leur mouvement; et cette inertie deviendrait infinis quand on approcherait de la vitesse de la lumière.

paraissait plus solide. Vous rappellerai-je comment il fut à son tour jeté en discrédit? L'événement a fait plus de bruit que les précédents et il est dans toutes les mémoires. Dès les premiers travaux de Becquerel et surtout quand les Curie eurent découvert le radium, on vit que tout corps radioactif était une source inépuisable de radiation. Son activité semblait subsister sans altération à travers les mois et les années. C'était déjà là une entorse aux principes; ces radiations, c'était en effet de l'énergie, et de ce même morceau de radium, il en sortait et il en sortait toujours. Mais ces quantités d'énergie étaient trop faibles pour être mesurées; du moins on le croyait et on ne s'en inquiétait pas trop.

La scène changea lorsque Curie s'avisa de mettre le radium dans un calorimètre ; alors on vit que la quantité de chaleur incessamment créée était très notable. Les explications proposées furent nombreuses; mais en pareille matière on ne peut pas dire qu'abondance de biens ne nuit pas; tant que l'une d'elles n'aura pas triomphé des autres, nous ne pourrons pas être sûrs qu'aucune d'entre elles soit bonne. Depuis quelque temps toutefois, une de ces explications semble prendre le dessus et on peut raisonnablement espérer que nous tenons la clef du mystère.

Sir W. Ramsay a cherché à montrer que le radium se transforme, qu'il renferme une provision d'énergie énorme, mais non inépuisable. La transformation du radium produirait alors un million de fois plus de chaleur que toutes les transformations connues; le radium s'épuiserait en 1250 ans; c'est bien court, mais vous voyez que nous sommes du moins certain d'être fixés sur ce point d'ici quelques centaines d'années. En attendant nos doutes subsistent

Henri Poincaré

Chapitre IX

L'Avenir
de la Physique
Mathématique

Les principes et l'expérience. — Au milieu de tant de ruines, que reste-t-il debout? Le principe de moindre action est intact jusqu'ici, et Larmor parait croire qu'il survivra longtemps aux autres ; il est en effet plus vague et plus général encore.

En présence de cette débâcle générale des principes, quelle attitude va prendre la Physique Mathématique ? Et d'abord, avant de trop s'émouvoir il convient de se demander si tout cela est bien vrai. Toutes ces dérogations aux principes, on ne les rencontre que dans les infiniment petits; il faut le microscope pour voir le mouvement brownien; les électrons sont bien légers; le radium est bien rare et on en a jamais que quelques milligrammes à la fois; et alors on peut se demander si, à côté de l'infiniment petit qu'on a vu, il n'y avait pas un autre infiniment petit qu'on ne voyait pas et qui faisait contrepoids au premier.

Il y a donc là une question préjudicielle, et ce qu'il semble l'expérience seule peut la résoudre. Nous n'aurons donc qu'à passer la main aux expérimentateurs, et en attendant qu'ils aient tranché définitivement le débat, à ne pas nous préoccuper de ces inquiétants problèmes, et à continuer tranquillement notre œuvre comme si les principes étaient encore incontestés. Certes, nous avons beaucoup à faire sans sortir du domaine où on peut les appliquer en toute sûreté; nous avons de quoi employer notre activité pendant celte période de doutes.

Le rôle de l'analyste. — Et pourtant ces doutes, est-il bien vrai que nous ne puissions rien faire pour en débarrasser la science ? Il faut bien le dire ce n'est pas seulement la physique expérimentale qui les a fait naître, la physique mathématique y a bien contribué pour sa part. Ce sont les expérimentateurs qui ont vu le radium dégager de l'énergie, mais ce sont les théoriciens qui ont mis en évidence toutes les difficultés soulevées par la propagation de la lumière à travers un milieu en mouvement; sans eux il est probable qu'on ne s'en serait pas avisé. Eh bien, alors, s'ils ont fait de leur mieux pour nous mettre dans l'embarras, il convient aussi qu'ils nous aident à en sortir.

Il faut qu'ils soumettent à la critique toutes ces vues nouvelles que je viens d'esquisser devant vous et qu'ils n'abandonnent les principes qu'après avoir fait un effort loyal pour les sauver. Que peuvent-ils faire dans ce sens ? C'est ce que je vais chercher à expliquer.

Il s'agit avant tout d'obtenir une théorie plus satisfaisante de l'électrodynamique des corps en mouvement? C'est là surtout, je l'ai suffisamment montré plus haut, que les difficultés s'accumulent; on a beau entasser les hypothèses, on ne peut satisfaire à tous les principes à la fois; on n'a pu réussir jusqu'ici à sauvegarder les uns qu'à la condition de sacrifier les autres; mais tout espoir d'obtenir de meilleurs résultats n'est pas encore perdu. Prenons donc la théorie de Lorentz, retournons- la dans tous les sens; modifions-la peu à peu, et tout s'arrangera peut-être.

Ainsi au lieu de supposer que les corps en mouvement subissent une contraction dans le sens du mouvement et que cette contraction est la même quelle que soit la nature de ces corps et les forces auxquelles ils sont d'ailleurs soumis, ne pourrait-on pas faire une hypothèse plus simple et plus naturelle ? On pourrait imaginer, par exemple, que c'est l'éther qui se modifie quand il se trouve en mouvement relatif par rapport au milieu matériel qui le pénètre, que, quand il est ainsi modifié, il ne transmet plus les perturbations avec la même vitesse dans tous les sens. Il transmettrait plus rapidement celles qui se propageraient

Henri Poincaré

parallèlement au mouvement du milieu, soit dans le même sens, soit dans le sens contraire, et moins rapidement celles qui se propageraient perpendiculairement. Les surfaces d'ondes ne seraient plus des sphères, mais des ellipsoïdes et on pourrait se passer de cette extraordinaire contraction de tous les corps.

Je ne cite cela qu'à titre d'exemple, car les modifications que l'on pourrait essayer seraient évidemment susceptibles de varier à l'infini.

L'aberration et l'astronomie. — Il est possible aussi que l'astronomie nous fournisse un jour des données sur ce point; c'est elle, en somme, qui a soulevé la question en nous faisant connaître le phénomène de l'aberration de la lumière. Sion fait brutalement la théorie de l'aberration on arrive à un résultat bien curieux. Les positions apparentes des étoiles diffèrent de leurs positions réelles, à cause du mouvement de la Terre, et comme ce mouvement est variable, ces positions apparentes varient. La position réelle nous ne pouvons la connaître, mais nous pouvons observer les variations de la position apparente. Les observations de l'aberration nous montrent donc non le mouvement de la Terre, mais les variations de ce mouvement, elles ne peuvent par conséquent nous renseigner sur le mouvement absolu de la Terre.

C'est du moins ce qui est vrai en première approximation, mais il n'en serait plus de même si on pouvait apprécier les millièmes de seconde. On verrait alors que l'amplitude de l'oscillation dépend non seulement de la variation du mouvement, variation qui est bien connue, puisque c'est le mouvement de notre globe sur son orbite elliptique, mais de la valeur moyenne de ce mouvement de sorte que la constante de l'aberration ne serait pas tout à fait la même pour toutes les Etoiles, et que les différences nous feraient connaître le mouvement absolu de la Terre dans l'espace.

Ce serait là, sous une autre forme, la ruine du principe de relativité. Nous sommes loin, il est vrai, d'apprécier le millième de seconde, mais après tout, disent quelques personnes, la vitesse absolue totale de la Terre est peut-être beaucoup plus grande que sa vitesse relative par rapport au Soleil; si elle était par exemple de 300 kilomètres par seconde an lieu de 30, cela suffirait pour que le phénomène devînt observable.

Je crois qu'en raisonnant ainsi on admet une théorie trop simpliste de l'aberration; Michelson nous a montré, je vous l'ai dit, que les procédés physiques sont impuissants à mettre en évidence le mouvement absolu; je suis persuadé qu'il en sera de même des procédés astronomiques quelque loin que l'on pousse la précision.

Quoiqu'il en soit, les données que l'Astronomie nous fournira dans ce sens seront un jour précieuses pour le physicien. En attendant, je crois que les théoriciens, se rappelant l'expérience de Michelson, peuvent escompter un résultat négatif, et qu'ils feraient œuvre utile en construisant une théorie de l'aberration qui en rendrait compte d'avance.

Les électrons et les spectres. — Cette dynamique des électrons peut être abordée par bien des côtés, mais parmi les chemins qui y conduisent, il y en a un qui a été quelque peu négligé, et c'est pourtant un de ceux qui nous promet le plus de surprises. Ce sont les mouvements des électrons qui produisent les raies des spectres d'émission; ce qui le prouve, c'est le phénomène de Zeeman; dans un corps incandescent, ce qui vibre est sensible à l'aimant, donc étectrisé. C'est là un premier point très important, mais on n'est pas entré plus avant; pourquoi les raies du spectre sont-elles distribuées d'après une loi régulière ? Ces lois ont été étudiées par les expérimentateurs dans leurs moindres détails ; elles sont très précises et relativement simples. La première étude de ces distributions fait songer aux harmoniques que l'on rencontre en acoustique ; mais la différence est grande ; non seulement les nombres de vibrations ne sont pas les multiples successifs d'un même nombre ; mais nous ne retrouvons même rien d'analogue aux racines de ces équations transcendantes auxquelles nous conduisent tant de problèmes de Physique Mathématique : celui des vibrations d'un corps élastique de forme quelconque, celui des oscillations hertziennes dans un excitateur de forme quelconque, le problème de Fourier pour le refroidissement d'un corps solide.

Les lois sont plus simples, mais elles sont de toute autre nature et pour ne citer qu'une de ces différences, pour les harmoniques d'ordre élevé le nombre des vibrations tend vers une limite finie ; au lieu de croître indéfiniment.

De cela on n'a pas encore rendu compte, et je crois que c'est là un des plus importants secrets de la nature. Un physicien japonais M. Nagaoka a récemment proposé une explication; les atomes seraient, d'après lui, formés d'un gros électron positif entouré d'un anneau formé d'un très grand nombre d'électrons négatifs très petits. Telle la planète Saturne avec son anneau. C'est là une tentative tort intéressante, mais pas encore tout à fait satisfaisante ; cette tentative il faudrait la. renouveler. Nous pénétrerons pour ainsi dire dans l'intimité de la matière. Et au point de vue particulier qui nous occupe aujourd'hui, quand nous saurons pourquoi les vibrations des corps incandescents diffèrent ainsi des vibrations élastiques ordinaires, pourquoi les électrons ne se comportent pas comme la matière qui nous est familière, nous comprendrons mieux la dynamique des électrons et il nous sera peut-être plus facile de la concilier avec les principes.

Les conventions devant l'expérience. — Supposons maintenant que tous ces efforts échouent, et, tout compte fait, je ne le crois pas ; que faudra-t-il faire ? Faudra-t-il chercher à raccommoder les principes ébréchés, en donnant ce que nous autres Français nous appelons un coup de pouce: Cela est évidemment toujours possible et je ne relire rien de ce que j'ai dit plus haut. N'avez-vous pas écrit, pourriez-vous me dire si vous vouliez me chercher querelle, n'avez-vous pas écrit que les principes, quoique d'origine expérimentale, sont maintenant hors des atteintes de l'expérience parce qu'ils sont devenus des conventions ? Et maintenant vous venez nous dire que les conquêtes les plus récentes de l'expérience mettent ces principes en danger.

Eh bien, j'avais raison autrefois et je n'ai pas tort aujourd'hui. J'avais raison autrefois et ce qui se passe maintenant en est une preuve nouvelle. Prenons par exemple l'expérience calorimétrique de Curie sur le radium. Est-il possible de la concilier avec le principe de la conservation de l'énergie ? On l'a tenté de bien des manières; mais il y en a une entre autres que je voudrais vous faire remarquer; ce n'est pas l'explication qui tend aujourd'hui à prévaloir, mais c'est une de celles qui ont été proposées. On a supposé que le radium n'était qu'un intermédiaire, qu'il ne faisait qu'emmagasiner des radiations de nature inconnue qui sillonnaient l'espace dans tous les sens, en traversant tous les corps, sauf le radium, sans être altérées par ce passage et sans exercer sur eux aucune action. Le radium seul leur prendrait un peu de leur énergie et il nous la rendrait ensuite sous diverses formes.

Quelle explication avantageuse et combien elle est commode ! D'abord elle est invérifiable et par là même irréfutable. Ensuite elle peut servir pour rendre compte de n'importe quelle dérogation au principe de Mayer; elle répond d'avance non seulement à l'objection de Curie, mais à toutes les injections que les expérimentateurs futurs pourraient accumuler. Cette énergie nouvelle et inconnue pourra servir à tout.

C'est bien ce que j'avais dit, et avec cela on nous montre bien que notre principe est hors des atteintes de l'expérience.

Et après, qu'avons-nous gagné à ce coup de pouce ? Le principe est intact, mais à quoi désormais peut-il servir ? Il nous permettait de prévoir que dans telle ou telle circonstance nous pouvions compter sur telle quantité totale d'énergie ; il cous limitait ; mais maintenant qu'on met à notre disposition cette provision indéfinie d'énergie nouvelle, nous ne sommes plus limités par rien ; et, comme je l'ai écrit dans Science et Hypothèse, si un principe cesse d'être fécond, l'expérience, sans le contredire directement, l'aura cependant condamné.

La physique mathématique future. — Ce n'est donc pas cela qu'il faudrait faire ; nous devrions rebâtir à neuf. Si l'on était acculé à cette nécessité, pou» pourrions d'ailleurs nous en consoler. Il né faudrait pas en conclure que la science ne peut faire qu'un travail de Pénélope, qu'elle ne peut élever que des constructions éphémères qu'elle est bientôt forcée de démolir de fond en comble de ses propres mains.

Comme je vous l'ai dit, nous avons déjà passé par une crise

semblable. Je vous ai montré que, dans la seconde physique mathématique, celle des principes, on retrouve les traces de la première, celle des forces centrales; il en sera encore de même fi nous devons en connaître une troisième. Tel l'animal qui mue, qui brise sa carapace trop étroite et s'en fait une plus jeune ; sous son enveloppe nouvelle, on reconnaîtra aisément les traits essentiels de l'organisme qui ont subsisté.

Dans quel sens allons-nous nous étendre, nous ne pouvons le prévoir; peut-être est-ce la théorie cinétique des gaz qui va prendre du développement et servir de modèle aux autres. Alors les faits qui d'abord nous apparaissaient comme simples ne seraient plus que les résultantes d'un très grand nombre de faits élémentaires que les lois seules du hasard feraient concourir à un même but. La loi physique alors prendrait un aspect entièrement nouveau; cène serait plus seulement une équation différentielle, elle prendrait le caractère d'une loi statistique.

Peut-être aussi devrons-nous construire toute une mécanique nouvelle que nous ne faisons qu'entrevoir, où, l'inertie croissant avec la vitesse, la vitesse de la lumière deviendrait une limite infranchissable. La mécanique vulgaire, plus simple, resterait une première approximation puisqu'elle serait vraie pour les vitesses qui ne seraient pas très grandes, de sorte qu'on retrouverait encore l'ancienne dynamique sous la nouvelle. Nous n'aurions pas à regretter d'avoir cru aux principes, et même, comme les vitesses trop grandes pour les anciennes formules ne seraient jamais qu'exceptionnelles, le plus sûr dans la pratique serait encore de faire comme si on continuait à y croire. Ils sont si utiles qu'il faudrait leur conserver une place. Vouloir les exclure tout à fait, ce serait se priver d'une arme précieuse. Je me hâte dédire, pour terminer, que nous n'en sommes

Henri Poincaré

pas là et que rien ne prouve encore qu'ils no sortiront pas de la lutte victorieux et intacts.[1]

---

1 Ces considérations sur la Physique Mathématique sont empruntées à la Conférence faite à Saint-Louis.

Chapitre IX

Troisième Partie

La Valeur Objective de la Science

Chapitre X

La Science est-elle Artificielle?

i. - LA PHILOSOPHIE DE M. LE ROY

Voilà bien des raisons d'être sceptiques; devons nous pousser ce scepticisme jusqu'au bout ou nous arrêter en chemin. Aller jusqu'au bout, c'est la solution la plus tentante, la plus commode et c'est celle que bien des personnes ont adoptée, désespérant de rien sauver du naufrage.

Parmi les écrits qui s'inspirent de cette tendance il convient de placer en première ligne ceux de M. Le Roy. Ce penseur n'est pas seulement un philosophe et un écrivain du plus grand mérite, mais il a acquis une connaissance approfondie des sciences exactes et des sciences physiques, et même il a lait preuve de précieuses facultés d'invention mathématique.

Résumons en quelques mots sa doctrine qui a donné lieu à de nombreuses discussions.

La Science n'est faite que de conventions, et c'est uniquement à cette circonstance qu'elle doit son apparente certitude ; les faits scientifiques, et à fortiori, les lois sont l'œuvre artificielle du savant; la science ne peut donc rien nous apprendre de la vérité, elle ne peut nous servir que de règle d'action.

On reconnaît là la théorie philosophique connue sous le nom de nominalisme ; tout n'est pas faux dans cette théorie ; il faut lui réserver son légitime domaine, mais il ne faudrait pas non plus l'en laisser sortir.

Ce n'est pas tout, la doctrine de M. Le Roy n'est pas seulement nominaliste ; elle a encore un autre caractère qu'elle doit sans doute à l'influence de M. Bergson, elle est anti-intellectualiste. Pour M. Le Roy, l'intelligence

Chapitre X

déforme tout ce qu'elle touche, et cela est plus vrai encore de son instrument nécessaire « le discours ». Il n'y a de réalité que dans nos impressions fugitives et changeantes, et cette réalité même, dès qu'on la touche, s'évanouit.

Et cependant, M. Le Roy n'est pas un sceptique ; s'il regarde l'intelligence comme irrémédiablement impuissante, ce n'est que pour faire la part plus large à d'autres sources de connaissance, au cœur par exemple, au sentiment, à l'instinct ou à la foi.

Quelle que soit mon estime pour le talent de M. Le Roy, quelle que soit l'ingéniosité de cette thèse, je ne saurais l'accepter tout entière. Certes je suis d'accord sur bien des points avec M. Le Roy, et il a même cité, à l'appui de sa manière de voir, divers passages de mes écrits que je ne suis nullement disposé à récuser. Je ne m'en crois que plus tenu d'expliquer pourquoi je ne puis le suivre jusqu'au bout.

M. Le Roy se plaint souvent d'être accusé de scepticisme. Il no pouvait pas ne pas l'être, encore que cette accusation soit probablement injuste. Les apparences ne sont-elles pas contre lui? Nominaliste de doctrine, mais réaliste de cœur, il semble n'échapper au nominalisme absolu que par un acte de foi désespéré.

C'est que la philosophie anti-intellectualiste, en récusant l'analyse et « le discours », se condamne par cela même à être intransmissible, c'est une philosophie essentiellement interne, ou tout au moins ce qui peut s'en transmettre, ce ne sont que les négations; comment s'étonner alors que pour an observateur extérieur, elle prenne la figure du scepticisme ?

Henri Poincaré

C'est là le point faible de cette philosophie ; si elle veut rester fidèle à elle-même, elle épuise sa puissance dans une négation et un cri d'enthousiasme. Cette négation et ce cri, chaque auteur peut les répéter, en varier la forme, mais sans y rien ajouter.

Et encore, ne serait-il pas plus conséquent en se taisant ? Voyons, vous avez écrit de longs articles, il a bien fallu pour cela que vous vous serviez de mots. Et par là n'avez-vous pas été beaucoup plus « discursif » et par conséquent beaucoup plus loin de la vie et de la vérité, que l'animal qui vit tout simplement sans philosopher? Ne serait-ce pas cet animal qui est le véritable philosophe ?

Pourtant, de ce qu'aucun peintre n'a pu faire un portrait tout à fait ressemblant, devons-nous conclure que la meilleure peinture soit de ne pas peindre ? Quand un zoologiste dissèque un animal, certainement il « l'altère ». Oui, en le disséquant, il se condamne à n'en jamais tout connaître ; mais en ne le disséquant pas, il se condamnerait à n'en jamais rien connaître et par conséquent à n'en jamais rien dire.

Certes il y a dans l'homme, d'autres forces que son intelligence, personne n'a jamais été assez fou pour le nier. Ces forces aveugles, le premier venu les fait agir ou les laisse agir; le philosophe doit en parler pour en parler, il doit en connaître le peu qu'on en peut connaître, il doit donc les regarde agir. Comment? avec quels yeux? Sinon avec son intelligence ? Le cœur, l'instinct, peuvent la guider, mais non la rendre inutile ; ils peuvent diriger le regard, mais non remplacer l'œil. Que le cœur soit l'ouvrier et que l'intelligence ne soit que l'instrument, on peut y consentir. Encore est-ce un instrument dont on ne peut se passer, sinon pour agir, au moins pour philosopher. C'est pour cela qu'une philosophie vraiment anti-intellectualiste est impossible. Peut-être devrons-nous conclure au « primat » de l'action; toujours est-il que c'est notre intelligence qui conclura ainsi; en cédant le pas à l'action, elle gardera de la sorte la supériorité du roseau pensant. C'est là aussi un « primat » qui n'est pas à dédaigner.

Qu'on me pardonne ces courtes réflexions et qu'on me pardonne aussi de les faire si courtes et d'avoir à peine effleuré la question. Le procès de l'intellectualisme n'est pas le sujet que je veux traiter : je veux parler de la science et pour elle, il n'y a pas de doute ; par définition, pour ainsi dire, elle sera intellectualiste ou elle ne sera pas. Ce qu'il s'agit précisément de savoir, c'est si elle sera.

2. - LA SCIENCE, RÈGLE D'ACTION

Pour M. Le Roy, la science n'est qu'une règle d'action. Nous sommes impuissants à rien connaître et pourtant nous sommes embarqués, il nous faut agir, et à tout hasard, nous nous sommes fixé des règles. C'est l'ensemble de ces règles que l'on appelle la science.

C'est ainsi que les hommes, désireux de se divertir, ont institué des règles de jeux, comme celle du tric-trac, par exemple, qui pourraient, mieux que la science elle-même, s'appuyer de la preuve du consentement universel. C'est ainsi également que, hors d'état de choisir, mais forcé de choisir on jette en l'air une pièce de monnaie pour tirer à pile ou face.

La règle du tric-trac est bien une règle d'action comme la science, mais croit-on que la comparaison soit juste et ne voit-on pas la différence ? Les règles du jeu sont des conventions arbitraires et on aurait pu adopter la

Henri Poincaré

convention contraire qui n'aurait pas été moins bonne. Au contraire, la Science est une règle d'action qui réussit, au moins généralement et, j'ajoute, tandis que la règle contraire n'aurait pas réussi.

Si je dis, pour faire de l'hydrogène, faites agir un acide sur du zinc, je formule une règle qui réussit ; j'aurais pu dire, faites agir de l'eau distillée sur de l'or ; cela aurait été aussi une règle, feulement elle n'aurait pas réussi.

Si donc les « recettes » scientifiques ont une valeur, comme règle d'action, c'est que nous savons qu'elles réussissent, du moins en général. Mais savoir cela, c'est bien savoir quelque chose et alors pourquoi venez-vous nous dire que nous ne pouvons rien connaître ?

La science prévoit, et c'est parce qu'elle prévoit qu'elle peut être utile et servir de règle d'action. J'entends bien que ses prévisions sont souvent démenties par l'événement; cela prouve que la science est imparfaite et si j'ajoute qu'elle le restera toujours, je suis certain que c'est là une prévision qui, elle du moins, ne sera jamais démentie. Toujours est-il que le savant se trompe moins souvent qu'un prophète qui prédirait au hasard. D'autre part le progrès est lent, mais continu, de sorte que les savants, quoique de plus en plus hardis, sont de moins en moins déçus. C'est peu, mais c'est assez.

Je sais bien que M. Le Roy a dit quelque part que la Science se trompait plus souvent qu'on ne croit, que les comètes jouaient parfois des tours aux astronomes, que les savants, qui apparemment sont des hommes, ne parlaient pas volontiers de leurs insuccès et que, s'ils en parlaient, ils devraient compter plus de défaites que de victoires.

Chapitre X

Ce jour-là, M. Le Roy a évidemment dépassé se pensée. Si la Science ne réussissait pas, elle ne pourrait servir de règle d'action ; d'où tirerait-elle sa valeur? De ce qu'elle est « vécue », c'est-à-dire de ce que nous l'aimons et que nous croyons en elle ? Les alchimistes avaient des recettes pour faire de l'or, ils les aimaient et avaient foi en elles, et pourtant ce sont nos recettes qui sont les bonnes, bien que notre foi soit moins vive, parce qu'elles réussissent.

Il n'y a pas moyen d'échapper à ce dilemme ; ou bien la science ne permet pas de prévoir, et alors elle est sans valeur comme règle d'action; ou bien elle permet de prévoir d'une façon plus ou moins imparfaite, et alors elle n'est pas sans valeur comme moyen de connaissance.

On ne peut même pas dire que l'action soit le but de la science ; devons-nous condamner les études faites sur l'étoile Sirius, sous prétexte que nous n'exercerons probablement jamais aucune action sur cet astre ?

A mes yeux au contraire, c'est la connaissance qui est le but, et l'action qui est le moyen. Si je me félicite du développement industriel, ce n'est pas seulement parce qu'il fournit un argument facile aux avocats de la science ; c'est surtout parce qu'il donne au savant la foi en lui-même et aussi parce qu'il lui offre un champ d'expérience immense, où il se heurte à des forces trop colossales pour qu'il y ait moyen de donner un coup de pouce. Sans ce lest, qui sait s'il ne quitterait pas terre, séduit par le mirage de quelque scholastique nouvelle, ou s'il ne désespérerait pas en croyant qu'il n'a fait qu'un rêve ?

3. — LE FAIT BRUT ET LE FAIT SCIENTIFIQUE.

Ce qu'il y avait de plus paradoxal dans la thèse de M. Le

Roy, c'était cette affirmation que le savant crée le fait; c'en était en môme temps le point essentiel et c'est un de ceux qui ont été le plus discutés.

Peut-être, dit-il (je crois bien que c'était là une concession), n'est-ce pas le savant qui crée le fait brut; c'est du moins lui qui crée le fait scientifique.

Cette distinction du fait brut et du fait scientifique ne me paraît pas illégitime par elle-même. Mais je me plains d'abord que la frontière n'ait été tracée ni d'une manière exacte} ni d'une manière précise ; et ensuite que l'auteur ait semblé sous-entendre que le fait brut, n'étant pas scientifique, est en dehors de la science.

Enfin je ne puis admettre que le savant crée librement le fait scientifique puisque c'est le fait brut qui le lui impose.

Les exemples donnés par M. Le Roy m'ont beaucoup étonné. Le premier est emprunté à la notion d'atome. L'atome choisi comme exemple de fait! j'avoue que ce choix m'a tellement déconcerté que je préfère n'en rien dire. J'ai évidemment mal compris la pensée de l'auteur et je ne saurais la discuter avec fruit.

Le second cas pris pour exemple est celui d'une éclipse où le phénomène brut est un jeu d'ombre et de lumière, mais où l'astronome ne peut intervenir sans apporter deux éléments étrangers, à savoir une horloge et la loi de Newton.

Enfin M. Le Roy cite la rotation de la Terre ; on lui a répondu : mais ce n'est pas un fait, et il a répliqué: c'en était un pour Galilée qui l'affirmait comme pour l'inquisiteur qui le niait. Toujours est-il que ce n'est pas un fait au même titre que ceux dont nous venons de parler et que leur donner le même nom, c'est s'exposer à bien des confusions.

Voilà donc quatre degrés:
1° Il fait noir, dit l'ignorant.
2° L'éclipsé a eu lieu à neuf heures, dit l'astronome.
3° L'éclipsé a eu lieu à l'heure que l'on peut déduire des tables construites d'après les lois de Newton, dit-il encore.
4° Cela tient à ce que la terre tourne autour du soleil, dit enfin Galilée.

Où est donc la frontière entre le fait brut et le fait scientifique ? A lire M. Le Roy on croirait que c'est entre le premier et le deuxième échelon, mais qui ne voit qu'il y a plus de distance du deuxième au troisième, et plus encore du troisième au quatrième.

Qu'on me permette de citer deux exemples qui nous éclaireront peut-être un peu.

J'observe la déviation d'un galvanomètre à l'aide d'un miroir mobile qui projette une image lumineuse ou spot sur une échelle divisée. Le fait brut c'est: je vois le spot se déplacer sur l'échelle, et le fait scientifique c'est : il passe un courant dans le circuit.

Ou bien encore: quand je fais une expérience, je dois faire subir au résultat certaines corrections, parce que je sais que j'ai dû commettre des erreurs. Ces erreurs sont de deux sortes, les unes sont accidentelles et je les corrigerai en prenant la moyenne ; les autres sont systématiques et je nu pourrai les corriger que par une étude approfondie de leurs causes.

Le premier résultat obtenu est alors le fait brut, tandis que

Henri Poincaré

le fait scientifique c'est le résultat final après les corrections terminées.

En réfléchissant à ce dernier exemple, nous sommes conduits à subdiviser notre second échelon, et au lieu de dire:

2. L'éclipsé a eu lieu à neuf heures, nous dirons :

2 a. L'éclipsé a eu lieu quand mon horloge marquait neuf heures,

et 2 b. Ma pendule retardant de dix minutes, l'éclipsé a eu lieu à neuf heures dix.

Et ce n'est pas tout: le premier échelon aussi doit être subdivisé, et ce n'est pas entre ces deux subdivisions que la distance sera la moins grande ; entre l'impression d'obscurité que ressent le témoin d'une éclipse, et l'affirmation ; il fait noir, que cette impression lui arrache, il est nécessaire de distinguer. En un sens c'est la première qui est le seul vrai fait brut, et la seconde est déjà une sorte de fait scientifique.

Voilà donc maintenant notre échelle qui a six échelons, et bien qu'il n'y ait aucune raison pour s'arrêter à ce chiffre, nous nous y tiendrons.

Ce qui me frappe d'abord c'est ceci. Au premier de nos six échelons, le fait, encore complètement brut, est pour ainsi dire individuel, il est complètement distinct de tous les autres faits possibles. Dès le second échelon, il n'en est déjà plus de même. L'énoncé du fait pourrait convenir à une infinité d'autres faits. Aussitôt qu'intervient le rengage, je ne dispose plus que d'un nombre de termes pour exprimer les nuances en nombre infini que mes impressions pourraient revêtir. Quand je dis : il fait noir, cela exprime bien les impressions que j'éprouve en assistant à une éclipse

; mais dans l'obscurité même, on pourrait imaginer une foule de nuances, et si au lieu de celle qui s'est réalisée effectivement, c'eût été une nuance peu différente qui se fût produite, j'aurais cependant encore énoncé cet autre fait en disant: il fait noir.

Seconde remarque : même au second échelon, l'énoncé d'un fait ne peut être que vrai ou faux. Il n'en serait pas de même pour une proposition quelconque ; si cette proposition est l'énoncé d'une convention, on ne peut pas dire que cet énoncé soit vrai, au sens propre du mot, puisqu'il ne saurait être vrai malgré moi et qu'il est vrai seulement parce je veux qu'il le soit.

Quand je dis, par exemple, l'unité de longueur est le mètre, c'est un décret que je porte, ce n'est pas une constatation qui s'impose à moi. Il en est de même, comme je crois l'avoir montré ailleurs, quand il s'agit par exemple du postulatum d'Euclide.

Quand on me demande : fait-il noir? je sais toujours si je dois répondre oui ou non.

Bien qu'une infinité de faits possibles soient susceptibles de ce même énoncé : il fait noir, je saurai toujours si le fait réalisé rentre ou ne rentre pas parmi ceux qui répondent à cet énoncé. Les faits sont classés en catégories, et si l'on me demande si le fait que je constate rentre ou ne rentre pas dans telle catégorie, je n'hésiterai pas.

Sans doute cette classification comporte assez d'arbitraire pour laisser à la liberté ou au caprice de l'homme une large part. En un mot, cette classification est une convention. Cette convention étant donnée, si l'on me demande : tel fait est-il vrai? je saurai toujours que répondre, et ma réponse

Henri Poincaré

me sera imposée par le témoignage de mes sens.

Si donc pendant une éclipse, on demande : fait-il noir? tout le monde répondra oui. Sans doute ceux-là répondraient non qui parleraient une langue eu clair se dirait noir et où noir se dirait clair. Mais quelle importance cela peut-il avoir?

De même, en mathématiques, quand j'ai posé les définitions, et les postulats qui sont des conventions, un théorème ne peut plus être que vrai ou faux. Mais pour répondre è cette question : ce théorème est-il vrai? ce n'est plus au témoignage de mes sens que j'aurai recours, mais bien au raisonnement.

L'énoncé d'un fait est toujours vérifiable et pour la vérification nous avons recours soit au témoignage de nos sens, soit au souvenir de ce témoignage. C'est là proprement ce qui caractérise un fait. Si vous me posez la question : tel fait est-il vrai ? je commencerai par vous demander, s'il y a lieu, de préciser les conventions, par vous demander, en d'autres termes, quelle langue vous avez parlé; puis une fois fixé sur ce point, j'interrogerai mes sens et je répondrai, oui ou non. Mais la réponse, ce seront mes sens qui l'auront faite, ce ne sera pas vous en me disant: c'est en anglais ou c'est eu français que je vous ai parlé.

Y a-t-il quelque chose à changer à tout cela quand nous passons aux échelons suivants ? Quand j'observe un galvanomètre, ainsi que je le disais tout à l'heure, si je demande à un visiteur ignorant : le courant passe-t-il ? il va regarder le fil pour tâcher d'y voir passer quelque chose ; mais si je pose la môme question à mon aide qui comprend ma langue, il saura que cela veut dire : le spot se déplace-t-il ! et il regardera sur l'échelle.

Quelle différence y a-t-il alors entre l'énoncé d'un fait brut et l'énoncé d'un fait scientifique ? il y a la même différence qu'entre l'énoncé d'un même fait brut dans la langue française et dans la langue allemande. L'énoncé scientifique est la traduction de l'énoncé brut dans un langage qui se distingue surtout de l'allemand vulgaire ou du français vulgaire parce qu'il est parlé par un bien moins grand nombre de personnes.

N'allons pas trop vite cependant. Pour mesurer un courant, je puis me servir d'un très grand nombre de types de galvanomètres ou encore d'un électrodynamomètre. Et alors quand je dirai: il règne dans ce circuit un courant de tant d'ampères, cela voudra dire: si j'adapte à ce circuit tel galvanomètre je verrai le spot venir à la division a ; mais cela voudra dire également: si j'adapte à ce circuit tel électrodynamomètre, je verrai le spot venir à la division b. Et cela voudra dire encore beaucoup d'autres choses, car le courant peut se manifester non seulement par des effets mécaniques, mais par des effets chimiques, thermiques, lumineux, etc.

Voilà donc un même énoncé qui convient à un très grand nombre de faits absolument différents. Pourquoi? C'est parce que j'admets une loi d'après laquelle toutes les fois que tel effet mécanique se produira, tel effet chimique se produira de son côté. Des expériences antérieures très nombreuses ne m'ont jamais montré cette loi en défaut et alors je me suis rendu compte que je pourrais exprimer par le même énoncé deux faits aussi invariablement liés l'un à l'autre.

Quand on me demandera : le courant passe-t-il ? je pourrai

Henri Poincaré

comprendre que cela veut dire : tel effet mécanique va-t-il se produire ? mais je pourrai comprendre aussi : tel effet chimique va-t-il se produire ? Je vérifierai donc soit l'existence de l'effet mécanique, soit celle de l'effet chimique, cela sera indifférent, puisque dans un cas comme dans l'autre la réponse doit être la même.

Et si la loi venait un jour à être reconnue fausse ? Si on s'apercevait que la concordance des deux effets mécanique et chimique n'est pas constante ? Ce jour-là, il faudrait changer le langage scientifique pour en faire disparaître une grave ambiguïté.

Et puis après ? Croit-on que le langage ordinaire, à l'aide duquel on exprime les faits de la vie quotidienne, soit exempt d'ambiguïté ?

En conclura-t-on que les faits de la vie quotidienne sont l'œuvre des grammairiens ?

Vous me demandez : y a-t-il un courant ? Je cherche si l'effet mécanique existe, je le constate et je réponds: oui, il y a un courant. Vous comprenez à la fois que cela veut dire que l'effet mécanique existe, et que l'effet chimique, que je n'ai jas recherché, existe également. Imaginons maintenant que, par impossible, la loi que nous croyions vraie, ne le soit pas et que l'effet chimique n'ait pas existé dans ce cas. Dans cette hypothèse il y aura deux faits distincts, l'un directement observé et qui est vrai, l'autre inféré et qui est faux. On pourra dire à la rigueur que le second, c'est nous gui l'aurons créé. De sorte que la part de collaboration personnelle de l'homme dans la création du fait scientifique, c'est l'erreur.

Mais si nous pouvons dire que le fait en question est faux,

n'est-ce pas justement parce qu'il n'est pas une création libre et arbitraire de notre esprit, une convention déguisée, auquel cas il ne serait ni vrai ni faux ? Et en effet il était vendable, je n'avais pas fait la vérification, mais j'aurais pu la faire. Si j'ai fait une fausse réponse, c'est parce que j'ai voulu répondre trop vite, sans avoir interrogé la nature qui seule savait le secret.

Quand, après une expérience, je corrige les erreurs accidentelles et systématiques pour dégager le fait scientifique, c'est encore la même chose ; le fait scientifique ne sera jamais que le fait brut traduit dans un autre langage. Quand je dirai: il est telle heure, cela sera une manière abrégée de dire: il y a telle relation entre l'heure que marque ma pendule, et l'heure qu'elle marquait au moment du passage de tel astre et de tel autre astre au méridien. Et une fois cette convention de langage adoptée par tous, quand on me demandera: est-il telle heure ? il ne dépendra pas de moi de répondre oui ou non.

Passons à l'avant-dernier échelon : l'éclipsé a lieu à l'heure donnée par les tables déduites des lois de Newton. C'est encore une convention de tangage qui est parfaitement claire pour ceux qui connaissent la Mécanique Céleste ou simplement pour ceux qui possèdent les tables calculées par les Astronomes. On me demande : l'éclipsé a-t-elle lieu à l'heure prédite ? Je cherche dans la Connaissance des Temps, je vois que l'éclipsé était annoncée pour neuf heures et je comprends que la question voulait dire : l'éclipsé a-t-elle eu lieu à neuf heures ? Là encore nous n'avons rien à changer à nos conclusions. Le fait scientifique n'est que le fait brut traduit dans un langage commode.

Il est vrai qu'au dernier échelon les choses changent. La terre tourne-t-elle ? Est-ce là un fait vérifiable ? Galilée et le Grand-Inquisiteur pouvaient-ils, pour se mettre d'accord, en appeler aïs témoignage de leurs sens ? Au contraire, ils étaient d'accord sur les apparences, et quelles qu'eussent été les expériences accumulées, ils seraient restés d'accord sur les apparences sans s'accorder jamais sur leur interprétation. C'est même pour cela qu'ils ont été obligés d'avoir recours à des procédés de discussion aussi peu scientifiques.

C'est pourquoi j'estime qu'ils n'étaient pas en désaccord sur un fait; nous n'avons pas le droit de donner le même nom à la rotation de la Terre, lui était l'objet de leur discussion, et aux faits bruts ou scientifiques que nous avons passés on revue jusqu'ici.

Après ce qui précède, il semble superflu de rechercher si le fait brut est en dehors de la science, car il ne peut pas y avoir, ni science sans fait scientifique, ni fait scientifique sans fait brut, puisque le premier n'est que la traduction du second.

Et alors a-t-on le droit de dire que le savant crée le fait scientifique ? Tout d'abord il ne le crée pas ex nihilo puisqu'il le fait avec le fait brut. Par conséquent il ne le fait pas librement et comme il veut. Quelque habile que soit l'ouvrier, sa liberté est toujours limitée par les propriétés de la matière première sur laquelle il opère.

Que voulez-vous dire après tout quand vous parlez de cette création libre du fait scientifique et quand vous prenez pour exemple l'astronome qui intervient activement dans le phénomène de l'éclipsé en apportant son horloge ? Voulez-vous dire: l'éclipsé a eu lieu à neuf heures? mais si l'astronome avait voulu qu'elle eût lieu à dix heures, cela ne tenait qu'à lui, il n'avait qu'à avancer son horloge d'une heure.

Mais l'astronome, en faisant cette mauvaise plaisanterie, aurait évidemment abusé d'une équivoque. Quand il me dit : l'éclipsé a eu lieu à neuf heures, j'entends que neuf heures est l'heure déduite de l'indication brute de la pendule, par la série des corrections d'usage. S'il m'a donné seulement cette indication brute, ou s'il a fait des corrections contraires aux règles habituelles, il a changé sans me prévenir le langage convenu. Si au contraire il a eu soin de me prévenir, je n'ai pas à me plaindre, mais alors c'est toujours le même fait exprimé dans un autre langage.

En résumé, tout ce que crée le savant dans un fait, c'est le langage dans lequel il l'énonce. S'il prédit un fait, il emploiera ce langage, et pour tous ceux qui sauront le parler et l'entendre, sa prédiction est exempte d'ambiguïté. D'ailleurs une fois cette prédiction lancée, il ne dépend pas évidemment de lui qu'elle se réalise ou qu'elle ne se réalise pas.

Que reste-t-il alors de la thèse de M. Le Roy? Il reste ceci : le savant intervient activement en choisissant les faits qui méritent d'être observés. Un fait isolé n'a par lui-même aucun intérêt; il en prend un si l'on a lieu de penser qu'il pourra aider à en prédire d'autres; ou bien encore si, ayant été prédit, sa vérification est la confirmation d'une loi. Qui choisira les faits qui, répondant à ces conditions, méritent le droit de cité dans la science ? C'est la libre activité du savant.

Et ce n'est pas tout. J'ai dit que le fait scientifique est la traduction d'un fait brut dans un certain langage ; j'aurais dû ajouter que tout fait scientifique est formé de plusieurs faits bruts. Les exemples cités plus haut le montrent assez bien. Par exemple pour l'heure de l'éclipsé mon horloge marquait l'heure α à l'instant de l'éclipsé; elle marquait l'heure β au moment du dernier passage au méridien d'une certaine étoile que nous prendrons pour origine des ascensions droites; elle marquait l'heure γ au moment de l'avant-dernier passage de cette même étoile. Voilà trois faits distincts (encore remarquera-t-on que chacun d'eux résulte lui-même de deux faits bruts simultanés ; mais passons sur cette remarque). Au lieu de cela je dis: l'éclipsé a eu lieu à l'heure $24\,(\alpha - \beta)/(\beta - \gamma)$, et les trois faits se trouvent concentrés en un fait scientifique unique. J'ai jugé que les trois lectures α, β, γ faites sur mon horloge à trois moments différents étaient dépourvues d'intérêt et que la seule chose intéressante était la combinaison $(\alpha - \beta)/(\beta - \gamma)$ de ces trois lectures. Dans ce jugement on retrouve la libre activité de mon esprit.

Mais j'ai ainsi épuisé ma puissance ; je ne puis pas faire que cette combinaison $(\alpha - \beta)/(\beta - \gamma)$ ait telle valeur et non telle autre, puisque je ne puis influer ni sur la valeur de α, ni sur celle de β, ni sur celle de γ qui me sont imposées comme faits bruts.

En résumé les faits sont des faits, et s'il arrive qu'ils sont conformes à une prédiction ce n'est pas par un effet de notre libre activité. Il n'y a pas de frontière précise entre le fait brut et le fait scientifique ; on peut dire seulement que tel énoncé de fait est plus brut ou, au contraire, plus scientifique que tel autre.

4. — LE "NOMINALISME" ET "L'INVARIANT UNIVERSEL"

Si des faits nous passons aux lois, il est clair que la part de la libre activité du savant deviendra beaucoup plus grande. Mais M. Le Roy ne la fait-il pas encore trop grande ? C'est ce que nous allons examiner.

Rappelons d'abord les exemples qu'il a donnés. Quand je dis : le phosphore fond à 44°, je crois énoncer une loi ; en réalité c'est la définition même du phosphore ; si l'on venait à découvrir un corps qui, jouissant d'ailleurs de toutes les propriétés du phosphore ne fondrait pas à 44°, on lui donnerait un autre nom, voilà tout, et la loi resterait vraie.

De même quand je dis : les corps graves en chute libre parcourent des espaces proportionnels aux carrés des temps, je ne fais que. donner la définition de la chute libre. Toutes les fois que la condition ne sera pas remplie, je dirai que la chute il n'est pas libre, de sorte que la loi ne pourra jamais être en défaut.

Il est clair que si les lois se réduisaient à cela, elles ne pourraient servir à prédire ; elles ne pourraient donc servir à rien, ni comme moyen de connaissance, ni comme principe d'action.

Quand je dis : le phosphore fond à 44°, je veux dire par là : tout corps qui jouit de telle ou telle propriété (à savoir de toutes les propriétés du phosphore, sauf le point de fusion) fond à 44°. Entendue ainsi, ma proposition est bien une toi, et cette loi pourra m'être utile, car si je rencontre un corps jouissant de ces propriétés, je pourrai prédire qu'il fondra à 44°.

Sans doute, on pourra découvrir que la loi est fausse. On lira alors dans les traités de chimie : « il existe deux corps que les chimistes ont longtemps confondus sous le nom de phosphore ; ces deux corps ne diffèrent que par leur point de fusion ». Ce ne serait évidemment pas la première fois que les chimistes en arriveraient à séparer deux corps qu'ils n'auraient d'abord pas su distinguer; tels par exemple le néodyme et le praséodyme, longtemps confondus sous le nom de didyme.

Je ne crois pas que les chimistes redoutent beaucoup que pareille mésaventure arrive jamais au phosphore. Et si par impossible elle arrivait. les deux corps n'auraient probablement pas identiquement môme densité, identiquement même chaleur spécifique, etc., de sorte qu'après avoir déterminé avec soin la densité par exemple, on pourra encore prévoir le point de fusion.

Peu importe d'ailleurs; il suffît de remarquer qu'il y a une loi, et que cette loi, vraie ou fausse, ne se réduit pas à une tautologie.

Dira-t-on que, si nous ne connaissons pas sur la Terre un corps qui ne fonde pas à 44° tout en ayant les autres propriétés du phosphore, nous ne pouvons pas savoir s'il n'en existe pas sui d'autres planètes ? Sans doute, cela peut se soutenir, et on conclurait alors que la loi en question, qui peut nous servir de règle d'action à nous qui habitons la Terre, n'a cependant aucune valeur générale au point de vue de la connaissance, et ne doit son intérêt qu'au hasard qui nous a placés sur ce globe. C'est possible, mais s'il en était ainsi, la loi n'aurait pas de valeur, non pas parce qu'elle se réduirait à une convention, mais parce qu'elle serait fausse.

De même en ce qui concerne la chute des corps. Il ne me servirait à rien d'avoir donné le nom de chute libre aux chutes qui se produisent conformément à la loi de Galilée, si je ne cuvais d'autre part que, dans telles circonstances, la chute sera probablement libre ou à peu près libre. Cela alors est une loi qui peut être vraie ou fausse, mais qui ne se réduit plus à une convention.

Je suppose que les astronomes viennent de découvrir que les astres n'obéissent pas exactement à la loi de Newton. Ils auront le choix entre deux altitudes; ils pourront dire que la gravitation ne varie pas exactement comme l'inverse du carré des distances, ou bien ils pourront dire que la gravitation n'est pas la seule force qui agisse sur les astres et qu'il vient s'y ajouter une force de nature différente.

Dans ce second cas, on considérera la loi de Newton comme la définition de la gravitation. Ce sera l'attitude nominaliste. Le choix entre les deux attitudes reste libre, et se fait par des considérations de commodité, quoique ces considérations soient le plus souvent tellement puissantes qu'il reste pratiquement peu de chose de celte liberté.

Nous pouvons décomposer cette proposition: (1) les astres suivent la loi de Newton, en deux autres: (2) la gravitation suit la loi de Newton, (3) la gravitation est la seule force qui agisse sur les astres. Dans ce cas la proposition (2) n'est plus qu'une définition et échappa au contrôle de l'expérience ; mais alors ce sera sur la proposition (3) que ce contrôle pourra s'exercer. Il le faut bien puisque la proposition résultante (1) prédit des faits bruts vérifiables.

C'est grâce à ces artifices que par un nominalisme inconscient, les savants ont élevé au-dessus des lois ce qu'ils appellent des principes. Quand une loi a reçu une confirmation suffisante de l'expérience, nous pouvons adopter deux attitudes, ou bien laisser cette loi dans la mêlée ; elle restera soumise alors à une incessante révision

Henri Poincaré

qui sans aucun doute finira par démontrer qu'elle n'est qu'approximative. Ou bien on peut l'ériger en principe, en adoptant des conventions telles que la proposition soit certainement vraie. Pour cela on procède toujours de la même manière. La loi primitive énonçait une relation entre deux faits bruts A et B ; on introduit entre ces deux faits bruts un Intermédiaire abstrait C, plus ou moins fictif (tel était dans l'exemple précédent l'entité impalpable de la gravitation). Et alors nous avons une relation entre A et C que nous pouvons supposer rigoureuse et qui est le principe ; et une autre entre C et B qui reste une loi révisable.

Le principe, désormais cristallisé pour ainsi dire, n'est plus soumis au contrôle de l'expérience. Il n'est pas vrai ou faux, il est commode.

On a trouvé souvent de grands avantages à procéder de la sorte, mais il est clair que si toutes les lois avaient été transformées en principes, il ne serait rien resté de la science. Toute loi peut se décomposer en un principe et une loi, mais il est bien clair par là que, si loin que l'on pousse cette décomposition, il restera toujours des lois.

Le nominalisme a donc des bornes et c'est ce qu'on pourrait méconnaître, si on prenait à la lettre les assertions de M. Le Roy.

Une revue rapide des sciences nous fera mieux comprendre quelles sont ces bornes. L'attitude nominaliste n'est justifiée que quand elle est commode ; quand l'est-elle ?

L'expérience nous fait connaître des relations entre les corps ; c'est là le fait brut ; ces relations sont extrêmement compliquées. Au lieu d'envisager directement la relation du corps A et du corps B, nous introduisons entre eux un intermédiaire qui est l'espace, et nous envisageons trois relations distinctes : celle du corps A avec la figure A' de l'espace, celle du corps B avec la figure B' de l'espace, colle des deux figures A' et B' entre elles. Pourquoi ce détour est-il avantageux ? Parce que la relation de A et B était compliquée, mais différait peu de celle de A' et B' qui est simple: de sorte que cette relation compliquée peut être remplacée par la relation simple entre A' et B', et par deux autres relations qui nous font connaître que les différences entre A et A' d'une part, entre B et B' d'autre part sont très petites. Par exemple si A et B sont deux corps solides naturels qui se déplacent en se déformant légèrement, nous envisagerons creux figures invariables mobiles A' et B'. Les lois des déplacements relatifs de ces figures A' et B' seront très simples ; ce seront celles de la géométrie. Et nous ajouterons ensuite que le corps A, qui diffère toujours très peu de A', se dilate par l'effet de la chaleur el fléchit par l'effet de l'élasticité. Ces dilatations et ces flexions, justement parce qu'elles sont très petites, seront pour notre esprit d'une étude relativement facile. S'imagine-t-on à quelles complications de langage il aurait fallu se résigner si on avait voulu comprendre dans un même énoncé le déplacement du solide, sa dilatation et sa flexion ?

La relation entre A et B était une loi brute, et elle s'est décomposée ; nous avons maintenant deux lois qui expriment les relations de A et A'; de B et B' et un principe qui' exprime celle de A' avec B'. C'est l'ensemble de ces principes que l'on appelle géométrie.

Deux remarques encore. Nous avons une relation entre deux corps A et B que nous avons remplacée par une relation entre deux figures A' et B' ; mais celte même relation entre les deux mêmes figures A' et B' aurait pu

Henri Poincaré

tout aussi bien remplacer avantageusement une relation entre deux autres corps A" et B", entièrement différents de A et B. Et cela de bien des manières. Si l'on n'avait pas inventé Ici principes et la géométrie, après avoir étudié ıa relation de A et B, il faudrait recommencer ab ovo l'étude de la relation de A" à B". C'est pour cela que la géométrie est si précieuse. Une relation géométrique peut remplacer avantageusement une relation qui, considérée à l'état brut, devrait être regardée comme mécanique, elle peut en remplacer une autre qui devrait être regardée comme optique, etc.

Et alors qu'on ne vienne pas dire : mais c'est la preuve que la géométrie est une science expérimentale ; en séparant ses principes de lois d'où on les a extraits, la séparez artificiellement elle même des sciences qui lui ont donné naissance. Les autres sciences ont également des principes et cela n'empêche pas qu'on doive les appeler expérimentales.

Il faut reconnaître qu'il aurait été difficile de ne pas faire cette séparation que l'on prétend artificielle. On sait le rôle qu'a joué la cinématique des corps solides dans la genèse de la géométrie ; devrait-on dire alors que la géométrie n'est qu'une branche de la cinématique expérimentale ? Mais les lois de la propagation rectiligne de la lumière ont contribué aussi à la formation de.ses principes. Faudra-t-il que la géométrie soit regardée à la fois comme une branche de la cinématique et comme une branche de l'optique ? Je rappelle en outre que notre espace euclidien qui est l'objet propre de la géométrie a été choisi, pour des raisons de commodité, parmi un certain nombre de types qui pré existent dans notre esprit et qu'on appelle groupes.

Si nous passons à la Mécanique, nous voyons encore de

grands principes dont l'origine est analogue, et comme leur « rayon d'action » pour ainsi dire est moins grand, on n'a plus de raison de les séparer de la Mécanique proprement dite et de regarder cette science comme déductive.

En Physique enfin, le rôle des principes est encore amoindri. Et en effet on ne les introduit que quand on y a avantage. Or ils ne sont avantageux justement que parce qu'ils sont peu nombreux, parce que chacun d'eux remplace à peu près un grand nombre de lois. On n'a donc pas intérêt à les multiplier. D'ailleurs il faut aboutir, et pour cela il faut bien finir par quitter l'abstraction pour prendre le contact de la réalité.

Voilà les bornes du nominalisme, et elles sont étroites.

M. Le Roy a insisté pourtant, et il a posé la question sous une autre forme.

Puisque l'énoncé de nos lois peut varier avec les conventions que nous adoptons, que ces conventions peuvent modifier même les relations naturelles de ces lois, y a-t-il dans l'ensemble de ces lois quelque chose qui soit indépendant de ces conventions et qui puisse pour ainsi dire jouer le rôle d'invariant universel ? On a par exemple Introduit la fiction d'êtres qui, ayant fait leur éducation dans un monde différent du nôtre, auraient été amenés à créer une géométrie non-euclidienne. Si ces êtres étaient ensuite brusquement transportés dans notre monde à nous, ils observeraient les mêmes lois que nous, mais ils les énonceraient d'une manière toute différente. A la vérité, il y aurait encore quelque chose de commun entre les deux énoncés, mais c'est parce que ces être ne diffèrent pas encore assez de nous. On peut imaginer des êtres plus étranges encore, et la partie commune entre lus deux systèmes d'énoncés se rétrécira de plus en plus. Se rétrécira-t-elle ainsi en tendant vers zéro, ou bien restera-t-il un résidu irréductible qui serait alors l'invariant universel cherché ?

La question demande à être précisée. Veut-on que cette partie commune des énoncés soit exprimable par des mots ? Il est clair alors qu'il n'y a pas de mots communs à toutes les langues, et nous ne pouvons avoir là prétention de construire je ne sais quel invariant universel qui serait compris a la fois par nous, et par les géomètres fictifs non euclidiens dont je viens de. parler ; pas plus que nous ne pouvons construire une phrase qui soit comprise à la fois des Allemands qui ne savent pas le français et des Français qui ne savent pas l'allemand. Mais nous avons des règles fixes qui nom permettent de traduire les énoncés français en allemand, et inversement. C'est pour cela qu'on a fait des grammaires et des dictionnaires. Il y a aussi des règles fixes pour traduire le langage euclidien dans le langage non-euclidien, ou «'il n'y en a pas, on pourrait en faire.

Et si même, il n'y avait ni interprète, ni dictionnaire, si les Allemands et les Français, après avoir vécu des siècles dans des mondes séparés, se trouvaient tout à coup en contact, croit-on qu'il n'y aurait rien de commua entre la science des livres allemands, et celle des livres français ? Les Français et les Allemands finiraient certainement par s'entendre, comme les Indiens d'Amérique ont fini par comprendre la langue de leurs vainqueurs après l'arrivée des Espagnols.

Mais, dira-t-on, sans doute, les Français seraient capables de comprendre les Allemands même sans avoir appris l'allemand, mais c'est parce qu'il reste entre les Français et les Allemands quelque chose de commun, puisque les uns et les autres sont des hommes. On arriverait encore à s'entendre avec nos non-euclidiens hypothétiques, bien qu'ils ne soient plus des hommes, parce qu'ils conserveraient encore quelque chose d'humain. Mais en tout cas un minimum d'humanité est nécessaire.

C'est possible, mais j'observerai d'abord que ce peu d'humanité qui resterait chez les non-euclidiens, suffirait non seulement pour qu'on pût traduire un peu de leur langage, mais pour qu'on pût traduire tout leur langage.

Maintenant, qu'il faille un minimum, c'est ce que je concède ; je suppose qu'il existe je ne sais quel fluide qui pénètre entre les molécules de notre matière à nous, sans avoir aucune action sur elle ni sans subir aucune action qui en vienne. Je suppose que des êtres soient sensibles à l'influence de ce fluide et insensibles à celle de notre matière. Il est clair que la science de ces êtres différerait absolument de la nôtre et qu'il serait superflu de chercher un « invariant » commun à ces deux sciences. Ou bien encore, si ces êtres rejetaient notre logique et n'admettaient pas, par exemple, le principe de contradiction.

Mais vraiment je crois qu'il est sans intérêt d'examiner de semblables hypothèses.

Et alors, si nous ne poussons pas si loin la bizarrerie, si nous n'introduisons que des êtres fictifs ayant des sens analogues aux nôtres et sensibles aux mêmes impressions, et d'autre part admettant les principes de notre logique, nous pourrons conclure alors .que leur langage, quelque différent du nôtre qu'il puisse être, serait toujours susceptible d'être traduit.

Or la possibilité de la traduction implique l'existence d'un invariant. Traduire, c'est précisément dégager cet invariant. Ainsi, déchiffrer un document cryptographique, c'est chercher ce qui dans ce document demeure invariant, quand on en permute les lettres.

Quelle est maintenant la nature de cet invariant, il est aisé de s'en rendre compte, et un mot nous suffira. Les lois invariantes ce sont les relations entre les faits bruts, tandis que les relations entre les « faits scientifiques » restaient toujours dépendantes de certaines conventions.

Chapitre XI

La Science
et la Réalité

5. — CONTINGEMCE ET DÉTERMINISME

Je n'ai pas l'intention de traiter ici la question de la contingence des lois de la nature, qui est évidemment insoluble, et sur laquelle on a déjà tant écrit.

Je voudrais seulement faire remarquer que de sens différents on a donné à ce mot de contingence et combien il serait utile de les distinguer.

Si nous envisageons une loi particulière quelconque, nous pouvons être certains d'avance qu'elle ne peut être qu'approximative. Elle est, en effet, déduite de vérifications expérimentales et ces vérifications n'étaient et no pouvaient être qu'approchées. On doit toujours «'attendre à ce que des mesures plus précises nous obligent à ajouter de nouveaux termes à nos formules; c'est ce qui est arrivé par exemple pour la loi de Mariotte.

De plus l'énoncé d'une loi quelconque est forcément incomplet. Cet énoncé devrait comprendre l'énumération de fous les antécédents en vertu desquels un conséquent donné pourra se produire. Je devrais d'abord décrire toutes les conditions de l'expérience à faire et la loi s'énoncerait alors: si toutes les conditions sont remplies tel phénomène aura lieu.

Mais on ne sera sûr de n'avoir oublié aucune de ces conditions, que quand on aura décrit l'état de l'univers tout entier à l'instant t; toutes les parties de cet univers peuvent en effet exercer une influence plus ou moins grande sur le phénomène qui doit se produire à l'instant t + dt.

Or il est clair qu'une pareille description ne saurait se trouver dans l'énoncé de la loi; si on la faisait d'ailleurs, la loi deviendrait inapplicable ; si on exigeait à la fois tant de conditions, il y aurait bien peu de chance pour qu'à aucun moment elles fussent jamais toutes réalisées.

Alors comme on ne sera jamais certain de n'avoir pas oublié quelque condition essentielle, on ne pourra pas dire: si telles et telles conditions sont réalisées, tel phénomène se produira; on pourra dire seulement : si telles et telles conditions sont réalisées, il est probable que tel phénomène se produira à peu près.

Prenons la loi de la gravitation qui est la moins imparfaite de toutes les lois connues. Elle nous permet de prévoir les mouvements des planètes. Quand je m'en sers par exemple pour calculer l'orbite de Saturne, je néglige l'action des étoiles, et en agissant ainsi, je suis certain de no pas me tromper, car je sais que ces étoiles sont trop éloignées pour que leur action soit sensible.

J'annonce alors avec une quasi-certitude que les coordonnées de Saturne à telle heure seront comprises entre telles et telles limites. Cette certitude cependant est-elle absolue ?

Ne pourrait-il exister dans l'univers quelque masse gigantesque, beaucoup plus grande que celle de tous les astres connus et dont l'action pourrait se faire sentir à de grandes distances ? Cette masse serait animée d'une vitesse colossale et après avoir circulé de tout temps à de telles distances que son influence soit restée jusqu'ici insensible pour nous, elle viendrait tout à coup passer près de nous. A coup sûr, elle produirait dans notre système solaire des perturbations énormes que nous n'aurions pu prévoir. Tout ce qu'on peut dire c'est qu'une pareille éventualité est tout à fait invraisemblable, et alors, au lieu de dire: Saturne

Henri Poincaré

sera près de tel point du ciel, nous devrons nous borner à dire : Saturne sera probablement près de tel point du ciel. Bien que cette probabilité soit pratiquement équivalente à la certitude, ce n'est qu'une probabilité.

Pour toutes ces raisons, aucune loi particulière ne sera jamais qu'approchée et probable. Les savants n'ont jamais méconnu cette vérité; seulement ils croient, à tort ou à raison, que toute loi pourra être remplacée par une autre plus approchée et plus probable, que cette loi nouvelle ne géra elle-même que provisoire, mais que le même mouvement pourra continuer indéfiniment, de sorte que la science en progressant, possédera des lois de plus en plus probables, que l'approximation finira par différer aussi peu que l'on veut de l'exactitude et la probabilité de la certitude.

Si les savants qui pensent ainsi avaient raison, devrait-on dire encore que les lois de la nature sont contingentes, bien que chaque loi, prise en particulier, puisse être qualifiée de contingente ?

Ou bien devra-t-on exiger, avant de conclure à la contingence des lois naturelles, que ce progrès ait un terme, que le savant finisse un jour par être arrêté dans sa recherche d'une approximation de plus en plus grande et qu'au-delà d'une certaine limite, il ne rencontre plus dans la Nature que le caprice ?

Dans la conception dont je viens de parler (et que j'appellerai la conception scientifique), toute loi n'est qu'un énoncé imparfait et provisoire, mais elle doit être remplacée un jour par une autre loi supérieure, dont elle n'est qu'une image grossière. Il ne reste donc pas de place pour l'intervention d'une volonté libre.

Chapitre XI

Il me semble quo la théorie cinétique des gaz va nous fournir un exemple frappant.

On sait que dans cette théorie, on explique toutes les propriétés des gaz par une hypothèse simple ; on suppose que toutes les molécules gazeuses se meuvent en tous sens avec de grandes vitesses et qu'elles suivent des trajectoires rectilignes qui ne sont troublées que quand une molécule passe très près des parois du vase ou d'une autre molécule. Les effets que nos sens grossiers nous permettent d'observer sont les effets moyens, et dans ces moyennes, les grands écarts se compensent, ou tout au moins il est très improbable qu'ils ne se compensent pas ; de sorte que les phénomènes observables suivent des lois simples, telles que celle de Mariotte ou de Gay-Lussac. Mais cette compensation des écarts n'est que probable. Les molécules changent incessamment déplace et dans ces déplacements continuels, les figures qu'elles forment passent successivement par toutes les combinaisons possibles. Seulement ces combinaisons sont très nombreuses, presque toutes sont conformes à la loi de Mariotte, quelques-unes seulement s'en écartent. Celles-là aussi se réaliseront, seulement il faudrait les attendre longtemps ; si l'on observait un gaz pendant un temps assez long, on finirait certainement par le voir s'écarter, pendant un temps très court, de la loi de Mariotte. Combien de temps faudrait-il attendre ? Si on voulait calculer le nombre d'années probable, on trouverait que ce nombre est tellement grand que pour écrire seulement le nombre de ses chiffres, il faudrait encore une dizaine de chiffres. Peu importe, il nous suffit qu'il soit fini.

Je ne veux pas discuter ici la valeur de cette théorie. Il est clair que si on l'adopte, la loi de Mariotte ne nous

Henri Poincaré

apparaîtra plus que comme contingente, puisqu'il viendra un jour où elle ne sera plus vraie. Et pourtant croit-on que les partisans de la théorie cinétique soient des adversaires du déterminisme ? Loin de là, ce sont les plus intransigeants des mécanistes. Leurs molécules suivent des trajectoires rigides, dont elles ne s'écartent que sous l'influence de forces qui varient avec la distance suivant une loi parfaitement déterminée. Il ne reste pas dans leur système la plus petite place, ni pour la liberté, ni pour un facteur évolutif proprement dit, ni pour n'importe quoi qu'on puisse appeler contingence. J'ajoute, pour éviter une confusion, qu'il n'y a pas là non plus une évolution de la loi de Mariotte elle-même ; elle cesse d'être vraie, après je ne sais combien de siècles; mais au bout d'une fraction de seconde, elle redevient vraie et cela pour un nombre incalculable de siècles.

Et puisque j'ai prononcé ce mot d'évolution, dissipons encore un malentendu. On dit souvent: qui sait si les lois n'évoluent pas et si on ne découvrira pas un jour qu'elles n'étaient pas à l'époque carbonifère ce qu'elles sont aujourd'hui? Qu'entend-on par là ? Ce que nous croyons savoir de l'état passé de notre globe, nous le déduisons de son état présent. Et comment se fait cette déduction, c'est par le moyen des lois supposées connues. La loi étant une relation entre l'antécédent et le conséquent, nous permet également bien de déduire le conséquent de l'antécédent, c'est-à-dire de prévoir l'avenir et de déduire l'antécédent du conséquent, c'est-à-dire de conclure du présent au passé. L'astronome qui connaît la situation actuelle des astres, peut en déduire leur situation future par la loi de Newton, et c'est ce qu'il fait quand il construit des éphémérides ; et il peut également en déduire leur situation passée. Les calculs qu'il pourra faire ainsi ne pourront pas lui enseigner que la loi de Newton cessera d'être vraie dans l'avenir, puisque cette loi est précisément son point de départ ; ils ne pourront pas davantage lui apprendre qu'elle n'était pas vraie dans le passé. Encore en ce qui concerne l'avenir, ses éphémérides pourront être un jour contrôlées et nos descendants reconnaîtront peut-être qu'elles étaient fausses. Mais en ce qui concerne le passé, le passé géologique qui n'a pas eu de témoins, les résultats de son calcul, comme ceux de toutes les spéculations où nous cherchons à déduire le passé du présent, échappent par leur nature même à toute espèce de contrôle. De sorte que si les lois de la nature n'étaient pas les mêmes à l'âge carbonifère qu'à l'époque actuelle, nous ne pourrons jamais le savoir, puisque nous ne pouvons rien savoir de cet âge que ce que nous déduisons de l'hypothèse de la permanence de ces lois.

On dira peut-être que cette hypothèse pourrait conduire à des résultats contradictoires et qu'on sera obligé de l'abandonner. Ainsi, en ce qui concerne l'origine de la vie, on peut conclure qu'il y a toujours eu des êtres vivants, puisque le monde actuel nous montre toujours la vie sortant de la vie ; et on peut conclure aussi qu'il n'y en a pas toujours eu, puisque l'application des lois actuelles de la physique à l'état présent de notre globe nous enseigne qu'il y a eu un temps où ce globe était tellement chaud que la vie y était impossible. Mais les contradictions de ce genre peuvent toujours se lever de deux manières : on peut supposer que les lois actuelles de la nature ne sont pas exactement celles que noua avons admises ; ou bien on peut supposer que les lois de la nature sont actuellement celles que nous avons admises, mais qu'il n'en a pas toujours été ainsi.

Il est clair que les lois actuelles ne seront jamais assez bien connues pour qu'on ne puisse adopter la première de ces deux solutions et qu'on soit contraint de conclure à l'évolution des lois naturelles.

D'autre part supposons une pareille évolution; admettons, si l'on veut, que l'humanité dure assez pour que cette évolution puisse avoir des témoins. Le même antécédent produira par exemple des conséquents différents à l'époque carbonifère et à l'époque quaternaire. Cela veut dire évidemment que les antécédents sont à peu près pareils; si toutes les circonstances étaient identiques, l'époque carbonifère deviendrait indiscernable de l'époque quaternaire. Evidemment ce n'est pas là ce que l'on suppose. Ce qui reste, c'est que tel antécédent, accompagné de telle circonstance accessoire, produit tel conséquent; et que le même antécédent, accompagné de telle autre circonstance accessoire, produit tel autre conséquent. Le temps ne fait rien à l'affaire.

La loi, telle que la science mal informée l'aurait énoncée, et qui aurait affirmé que cet antécédent produit toujours ce conséquent, sans tenir compte des circonstances accessoires; cette loi, dis-je, qui n'était qu'approchée et probable, doit être remplacée par une autre loi plus approchée et plus probable qui fait intervenir ces circonstances accessoires. Nous retombons donc toujours sur ce même processus que nous avons analysé plus haut, et si l'humanité venait à découvrir quelque chose dans ce genre, elle ne dirait pas que ce sont les lois qui ont évolué, mais les circonstances qui se sont modifiées.

Voilà donc bien des sens différents du mot contingence. M. Le Roy les retient tous et il ne les distingue pas suffisamment, mais il en introduit un nouveau. Les lois expérimentales ne sont qu'approchées, et si quelques-unes sous apparaissent comme exactes, c'est que nous les avons artificiellement transformées en ce que j'ai appelé plus haut un principe. Celte transformation, nous t'avons faite librement, et comme le caprice qui nous a déterminés à la faire est quelque chose d'éminemment contingent, nous avons communiqué cette contingence à la loi elle-même. C'est en ce sens que nous avons le droit de dire que le déterminisme suppose la liberté, puisque c'est librement que nous devenons déterministes. Peut-être trouvera-t-on que c'est là faire la part bien large au nominalisme et quo l'introduction de ce sens nouveau du mot contingence n'aidera pas beaucoup à résoudre toutes ces questions qui se posent naturellement et dont nous venons de dire quelques mots.

Je ne veux nullement rechercher ici les fondements du principe d'induction; je sais fort bien que je n'y réussirai pas; il est aussi difficile de justifier ce principe que de s'en passer. Je veux seulement montrer comme les savants l'appliquent et sont forcés de l'appliquer.

Quand le même antécédent se reproduit, le même conséquent doit se reproduire également; tel est l'énoncé ordinaire. Mais réduit à ces termes ce principe ne pourrait servir à rien. Pour qu'on pût dire que le même antécédent s'est reproduit, il faudrait que les circonstances se fussent toutes reproduites, puisqu'aucune n'est absolument indifférente, et qu'elles se fussent exactement reproduites. Et, comme cela n'arrivera jamais, le principe ne pourra recevoir aucune application.

Nous devons donc modifier l'énoncé et dire : si un antécédent A a produit une fois un conséquent B, un antécédent A' peu différent de A, produira un conséquent B' peu différent de B. Mais comment reconnaîtrons-nous que les antécédents A et A' sont « peu différents »? Si quelqu'une

Henri Poincaré

des circonstances peut s'exprimer par un nombre, et que ce nombre ait dans les deux cas des valeurs très voisines, le sens du mot « peu différent » est relativement clair; le principe signifie alors quo conséquent est une fonction continue de l'antécédent. Et comme règle pratique, nous arrivons à cette conclusion que l'on a le droit d'interpoler. C'est en effet ce que les savants font tous les jours et sans l'interpolation toute science serait impossible.

Observons toutefois une chose. La loi cherchée peut se représenter par une courbe. L'expérience nous a fait connaître certains points de cette courbe. En vertu du principe que nous venons d'énoncer nous croyons que ces points peuvent être reliés par un trait continu. Nous traçons ce trait à l'œil. De nouvelles expériences nous fourniront de nouveaux points de la courbe. Si ces points sont eu dehors du trait tracé d'avance, nous aurons à modifier notre courbe, mais non pas à abandonner notre principe. Par des points quelconques, si nombreux qu'ils soient, on peut toujours faire passer une courbe continue. Sans doute, si cette courbe est trop capricieuse, nous serons choqués (et mémo nous soupçonnerons des erreurs d'expérience), mais le principe ne sera pas directement mis en défaut.

De plus, parmi les circonstances d'un phénomène, il y en a que nous regardons comme négligeables, et nous considérerons A et A' comme peu différents, s'ils ne diffèrent que par ces circonstances accessoires. Par exemple, j'ai constaté que l'hydrogène s'unissait à l'oxygène sous l'influence de l'étincelle, et je suis certain que ces deux gaz s'uniront de nouveau, bien que la longitude de Jupiter ait changé considérablement dans l'intervalle. Nous admettons par exemple que l'état des corps éloignés ne peut avoir d'influence sensible sur les phénomènes terrestres, et cela en effet semble s'imposer, mais il est des cas où le choix de ces circonstances pratiquement indifférentes comporte plus d'arbitraire ou, si l'on veut, exige plus de flair.

Une remarque encore : le principe d'induction serait inapplicable, s'il n'existait dans la nature une grande quantité de corps semblables entre eux, ou à peu près semblables, et si l'on ne pouvait conclure par exemple d'un morceau de phosphore à un autre morceau de phosphore.

Si nous réfléchissons à ces considérations, le problème du déterminisme et de la contingence nous apparaîtra sous un jour nouveau.

Supposons que nous puissions embrasser la série de tous les phénomènes de l'univers dans toute la suite des temps. Nous pourrions envisage ce que l'on pourrait appeler les séquences, je veux dire des relations entre antécédent et conséquent. Je ne veux pas parler de relations constantes ou du lois, j'envisage séparément (individuellement pour ainsi dire) les diverses séquences réalisées.

Nous reconnaîtrions alors que parmi ces séquences il n'y en a pas deux qui soient tout à fait pareilles. Mais si le principe d'induction tel que nous venons de l'énoncer est vrai, il y en aura qui seront à peu près pareilles et qu'on pourra classer les unes à côté des autres. En d'autres termes, il est possible de faire une classification des séquences.

C'est à la possibilité et à la légitimité d'une pareille classification que se réduit en fin de compte le déterminisme. C'est tout ce que l'analyse précédente en laisse subsister. Peut-être sous cette forme modeste semblera-t-il moins effrayant au moraliste.

Henri Poincaré

On dira sans doute que c'est revenir par un détour à la conclusion de M. le Roy que tout à l'heure nous semblions rejeter : c'est librement qu'on est déterministe. Et en effet toute classification suppose l'intervention active du classificateur. J'en conviens, cela j.eut se soutenir, mais il me semble que ce détour n'aura pas été inutile et aura contribué à nous éclairer un peu.

6. – Objectivité de la Science

J'arrive à la question posée par le titre de cet article : Quelle est la valeur objective de la science ? Et d'abord que devons-nous entendre par objectivité ?

Ce qui nous garantit l'objectivité du monde dans lequel nous vivons, c'est que ce monde nous est commun avec d'autres êtres pensants. Par les communications que nous avons avec les autres hommes, nous recevons d'eux des raisonnements tout faits; nous savons que ces raisonnements ne viennent pas de nous et en même temps nous y reconnaissons l'œuvre d'êtres raisonnables comme nous. Et comme ces raisonnements paraissent s'appliquer au monde de nos sensations, nous croyons pouvoir conclure que ces êtres raisonnables ont vu la même chose que nous; c'est comme cela que nous savons parque nous n'avons pas fait un rêve.

Telle est donc la première condition de l'objectivité : ce qui est objectif doit être commun à plusieurs esprits, et par conséquent pouvoir être transmis de l'un à l'autre, et comme cette transmission ne peut se faire que par ce « discours » qui inspire tant de défiance à M. le Roy, nous sommes bien forcés de conclure : Pas de discours, pas d'objectivité.

Les sensations d'autrui seront pour nous un monde éternellement fermé. La sensation que l'appelle rouge est-elle la même que celle que mon voisin appelle rouge, nous n'avons aucun moyen da le vérifier. Supposons qu'une cerise et un coquelicot produisent sur moi la sensation A et sur lui la sensation B et qu'au contraire une feuille produise sur moi la sensation B et sur lui la sensation A. Il est clair que nous n'en saurons jamais rien ; puisque j'appellerai rouge la sensation A et vert la sensation B, tandis que lui appellera la première vert et la seconde rouge. En revanche ce que nous pourrons constater c'est que, pour lui comme pour moi, la cerise et le coquelicot produisent la même sensation, puisqu'il donne le même nom aux sensations qu'il éprouve et que je fais de même.

Les sensations sont donc intransmissibles, ou plutôt tout ce qui est qualité pure en elles est intransmissible et à jamais impénétrable. Mais il n'en est pas de même des relations entre ces sensations.

A ce point de vue, tout ce qui est objectif est dépourvu de toute qualité et n'est que relation pure. Je n'irai certes pas jusqu'à dire que l'objectivité ne soit que quantité pure (ce serait trop particulariser la nature des relations en question), mais on comprend que je ne sais plus qui se 6oii laissé entraîner à dire que le monde n'est qu'une équation différentielle.

Tout en faisant des réserves sur cette proposition paradoxale, nous devons néanmoins admettre que rien n'est objectif qui ne soit transmissible, et par conséquent que les relations entre les sen salions peuvent seules avoir une valeur objective.

Henri Poincaré

On dira peut-être que l'émotion esthétique, qui est commune à tous les hommes, est la preuve que les qualités de nos sensations sont aussi les mêmes pour tous les hommes et par là sont objectives. Mais si l'on y réfléchit, on verra que la preuve n'est pas faite ; ce qui est prouvé, c'est que cette émotion est provoquée chez Jean comme chez Pierre par les sensations auxquelles Jean et Pierre donnent le môme nom ou par les combinaisons correspondantes de ces sensations; soit que celte émotion soit associée chez Jean à la sensation A que Jean appelle rouge, tandis quo parallèlement elle est associée chez Pierre à la sensation B que Pierre appelle rouge ; soit mieux parce que cette émotion est provoquée, non par les qualités mômes des sensations, mais par l'harmonieuse combinaison de leurs relations dont nous subissons l'impression inconsciente.

Telle sensation est belle, non parce qu'elle possède telle qualité, mais parce qu'elle occupe telle place dans la trame de nos associations d'idées, de sorte qu'on ne peut l'exciter sans mettre en mouvement le « récepteur » qui est à l'autre bout du fil et qui correspond à l'émotion artistique.

Qu'on se place au point de vue moral, esthétique ou scientifique, c'est toujours la même chose. Rien n'est objectif que ce qui est identique pour tous ; or en ne peut parler d'une pareille identité que si une comparaison est possible, et peut être traduite en une « monnaie d'échange » pouvant se transmettre d'un esprit à l'autre. Rien n'aura donc de valeur objective que ce qui sera transmissible par le « discours », c'est-à-dire intelligible.

Mais ce n'est là qu'un côté de la question. Un ensemble absolument désordonné ne saurait avoir de valeur objective puisqu'il serait inintelligible, mais un ensemble bien ordonné peut n'en avoir non plus aucune, s'il ne correspond pas à des sensations effectivement éprouvées. Il me semble superflu de rappeler cette condition et je n'y aurais pas songé si on n'avait soutenu dernièrement que la physique n'est pas une science expérimentale. Bien que cette opinion n'ait aucune chance d'être adoptée ni par les physiciens, ni par les philosophes, il est bon d'être averti, afin de ne pas se laisser glisser sur la pente qui y mènerait. On a donc deux conditions à remplir, et si la première sépare la réalité[1] du rêve, la seconde la distingue du roman.

Maintenant qu'est-ce que la science ? Je l'ai expliqué au § précédent, c'est avant tout une classification, une façon de rapprocher des fait que les apparences séparaient, bien qu'ils fussent liés par quelque parenté naturelle et cachée. La science, en d'autres termes, est un système de relations. Or nous venons de le dire, c'est dans les relations seulement que l'objectivité doit être cherchée ; il serait vain de la chercher dans les êtres considérés comme isolés les uns des autres.

Dire que la science ne peut avoir de valeur objective parce qu'elle ne nous fait connaître que dès rapports, c'est raisonner à rebours, puisque précisément ce sont les rapports seuls qui peuvent être regardés comme objectifs.

Les objets extérieurs, par exemple, pour lesquels le mot objet a été inventé, sont justement des objets et non des apparences fuyantes et insaisissables parce que ce ne sont pas seulement des groupes de sensations, mais des groupes cimentés par un lien constant. C'est ce lien, et ce lieu seul qui est objet en eux, et ce lien c'est un rapport.

---

1 J'emploie ici le mot réel comme synonyme d'objectif; je me conforme ainsi à l'usage commun ; j'ai peut-être tort, nos rêves sont réels, mais ils ne sont pas objectifs.

Henri Poincaré

Donc quand nous demandons quelle est la valeur objective de la science, cela ne veut pas dire: la science nous fait-elle connaître la véritable nature des choses ? mais cela veut dire ; nous fait-elle connaître les véritables rapports des choses ?

A la première question, personne n'hésiterait à répondre, non; mais je crois qu'on peut aller plus loin: non seulement la science ne peut nous faire connaître la nature des choses; mais rien n'est capable de nous la faire connaître et si quelque dieu la connaissait, il ne pourrait trouver de mots pour l'exprimer. Non seulement nous ne pouvons deviner la réponse, mais si on nous la donnait, nous n'y pourrions rien comprendre ; je me demande même si nous comprenons bien la question.

Quand donc une théorie scientifique prétend nous apprendre ce qu'est la chaleur, ou que l'électricité, ou que la vie, elle est condamnée d'avance ; tout ce qu'elle peut nous donner, ce n'est qu'une image grossière. Elle est donc provisoire et caduque.

La première question tant hors de cause, reste la seconde. La science peut-elle nous faire connaître les véritables rapports des choses ? Ce qu'elle rapproche devrait-il être séparé, ce qu'elle sépare devrait-il être rapproché ?

Pour comprendre le sens de cette nouvelle question, il faut se reporter à ce que nous avons dit plus haut sur les conditions de l'objectivité. Ces rapports ont-ils une valeur objective ? cela veut dire: ces rapports sont-ils les mêmes pour tous ? seront-ils encore les mêmes pour ceux qui viendront après nous ?

Il est clair qu'ils ne sont pas les mêmes pour le savant et

pour l'ignorant. Mais pou importe, car si l'ignorant ne les voit pas tout de suite, le savant peut arriver à les lui faire voir par une série d'expériences et de raisonnements. L'essentiel est qu'il y a des points sur lesquels tous ceux qui sont au courant des expériences faites peuvent se mettre d'accord.

La question est de savoir si cet accord sera durable et s'il persistera chez nos successeurs. On peut se demander si les rapprochements que fait la science d'aujourd'hui seront confirmés par In science de demain. On ne peut pour affirmer qu'il en sera ainsi invoquer aucune raison à priori mais c'est une question de fait, et la science, a déjà assez vécu pour qu'en interrogeant son histoire, on puisse savoir si les édifices qu'elle élève résistent à l'épreuve du temps ou s'ils ne sont que des constructions éphémères.

Or que voyons-nous? Au premier abord il nous semble que les théories ne durent qu'un jour et que les ruines s'accumulent sur les ruines. Un jour elles naissent, le lendemain elle sont à la mode, le surlendemain elles sont classiques, le troisième jour elles sont surannées et le quatrième elles sont oubliées. Mais si l'on y regarde de plus près, on voit que ce qui succombe ainsi, ce sont les théories proprement dites, celles qui prétendent nous apprendre ce que sont les choses. Mais il y a en elles quelque chose qui le plus souvent survit. Si l'une d'elles nous a fait connaître un rapport vrai, ce rapport est définitivement acquis et on le retrouvera sous un déguisement nouveau dans les autres théories qui viendront successivement régner à sa place.

Ne prenons qu'un exemple : la théorie des ondulations de l'éther nous enseignait que la lumière est un mouvement ; aujourd'hui la mode favorise la théorie électromagnétique qui nous enseigne que la lumière est un courant.

Henri Poincaré

N'examinons pas si on pourrait les concilier et dire que la lumière est un courant, et que ce courant est un mouvement? Comme il est probable en tout cas que ce mouvement ne serait pas identique à celui qu'admettaient les partisans de l'ancienne théorie, on pourrait se croire fondé à dire que cette ancienne théorie est détrônée. Et pourtant, il en reste quelque chose, puisque entre les courant3 hypothétiques qu'admet Maxwell, il y a les mêmes relations qu'entre les mouvements hypothétiques qu'admettait Fresnel. Il y a donc quelque chose qui reste debout et ce quelque chose est l'essentiel. C'est ce qui explique comment on voit les physiciens actuels passer sans aucune gène du langage de Fresnel à celui de Maxwell.

Sans doute bien des rapprochements qu'on croyait bien établis ont été abandonnés, mais le plus grand nombre subsiste et parait devoir subsister. Et pour ceux-là alors, quelle est la mesure de leur objectivité ?

Eh bien, elle est précisément la même que pour notre croyance aux objets extérieurs. Ces derniers sont réels en ce que les sensations qu'ils nous font éprouver nous apparaissent comme unies entre elles par je ne sais quel ciment indestructible et non par un hasard d'un jour. De même la science nous révèle entre les phénomènes d'autres liens plus ténus mais non moins solides; ce sont des fils si déliés qu'ils sont restés longtemps inaperçus mais dès qu'on les a remarqués, il n'y a plus moyen de ne pas les voir ; ils ne sont donc pas moins réels que ceux qui donnent leur réalité aux objets extérieurs; peu importe qu'ils soient plus récemment connus puisque les uns ne doivent pas périr avant les autres.

On peut dire par exemple que l'éther n'a pas moins de réalité qu'un corps extérieur quelconque ; dire que ce corps existe, c'est dire qu'il y a entre la couleur de ce corps, sa saveur, son odeur, un lien intime, solide et persistant, dire que l'éther existe, c'est dire qu'il y a une parenté naturelle entre tous les phénomènes optiques, et les deux propositions n'ont évidemment pas moins de valeur l'une que l'autre.

Et même les synthèses scientifiques ont en un sens plus de réalité que celles du sens commun, puisqu'elles embrassent plus de termes et tendent a absorber eu elles les synthèses partielles.

On dira que la science n'est qu'une classification et qu'une classification ne peut être vraie, mais commode. Mais il est vrai qu'elle est commode, il est vrai qu'elle l'est non seulement pour moi, mais pour tous les hommes; il est vrai qu'elle testera commode pour nos descendants; il est vrai enfin que cela ne peut pas être par hasard.

En résumé, la seule réalité objective, ce sont les rapports des choses d'où résulte l'harmonie universelle. Sans doute ces rapports, cette harmonie na sauraient être conçus en dehors d'un esprit qui les conçoit ou qui les sent. Mais ils sont néanmoins objectifs parce qu'ils sont, deviendront, ou resteront communs à tous les êtres pensants.

Cela va nous permettre de revenir sur la question de la rotation de la Terre ce qui nous fournira en même temps l'occasion d'éclaircir ce qui précède par un exemple.

7. — LA ROTATION DE LA TERRE.

«... Dès lors, ai-je dit dans Science et Hypothèse celte affirmation la Terre tourne n'a aucun. sens... ou plutôt ces deux propositions, la Terre tourne, et, il est plus commode

Henri Poincaré

de supposer que la Terre tourne, ont un seul et même sens.»

Ces paroles, ont donné lieu aux interprétations les plus étranges. On u cru y voir la réhabilitation du système de Ptolémée, et peut-être la justification de la condamnation de Galilée.

Ceux qui avaient lu attentivement le volume tout entier ne pouvaient cependant s'y tromper. Cette vérité, la Terre tourne, se trouvait mise sur le même pied que le postulatum d'Euclide par exemple ; était-ce là la rejeter. Mais il y a mieux; dans le même langage on dira très bien : ces deux propositions, le monde extérieur existe, ou, il est plus commode de supposer qu'il existe, ont un seul et même sens. Ainsi l'hypothèse de la rotation de la Terre conserverait le môme degré de certitude que l'existence même des objets extérieurs.

Mais après ce que nous venons d'expliquer dans la quatrième partie, nous pouvons aller plus loin. Une théorie physique, avons-nous dit, est d'autant plus vraie, qu'elle met en évidence plus de rapports vrais. A la lumière de ce nouveau principe, examinons la question qui nous occupe.

Non, il n'y a pas d'espace absolu ; ces deux propositions contradictoires: « la Terre tourne » et « la terre ne tourne pas » ne sont donc pas cinématiquement plus vraies l'une que l'autre. Affirmer l'une, en niant l'autre, au sens cinématique, ce serait admettre l'existence de l'espace absolu.

Mais si l'une nous révèle des rapports vrais que l'autre nous dissimule, on pourra néanmoins la regarder comme physiquement plus vraie que l'autre, puisqu'elle a un contenu plus riche. Or à cet égard aucun doute n'est possible.

Voilà le mouvement diurne apparent des étoiles, et le mouvement diurne des autres corps célestes, et d'autre part l'aplatissement de la Terre, la rotation du pendule de Foucaut, la giration des cyclones, les vents alizés, que sais-je encore ? Pour le Ptoléméien, tous ces phénomènes n'ont entre eux aucun lien ; pour le Copernicien, ils sont engendrés par une même cause. En disant, la Terre tourne, j'affirme que tous ces phénomènes ont un rapport intime, et cela est vrai, et cela reste vrai bien qu'il n'y ait pas et qu'il ne puisse y avoir d'espace absolu.

Voilà pour la rotation de la Terre sur elle-même ; que dire de sa révolution autour du Soleil. Ici encore, nous avons trois phénomènes qui pour le Ptoléméien sont absolument indépendants et qui pour le Copernicien sont rapportés à la même origine ; ce sont les déplacements apparents des planètes sur la sphère céleste, l'aberration des étoiles fixes, la parallaxe de ces mêmes étoiles. Est-ce par hasard que toutes les planètes admettent une inégalité dont la période est d'un an, et que cette période est précisément égale à celle de l'aberration, précisément égale encore à celle de la parallaxe ? Adopter le système de Ptolémée, c'est répondre oui; adopter celui de Copernic c'est répondre non ; c'est affirmer qu'il y a un lien entre \en trois phénomènes et cela encore est vrai bien qu'il n'y ait pas d'espace absolu.

Dans le système de Ptolémée, les mouvements des corps célestes ne peuvent s'expliquer par l'action de forces centrales, la Mécanique Céleste est impossible. Les rapports intimes que la Mécanique Céleste nous révèle entre tous les phénomènes célestes sont des rapports vrais ; affirmer l'immobilité de la Terre, ce serait nier ces

Henri Poincaré

rapports, ce serait donc se tromper.

La vérité, pour laquelle Galilée a souffert, reste donc la vérité, encore qu'elle n'ait pas tout à fait le même sens que pour le vulgaire, et que son, vrai sens soit bien plus subtil, plus profond et plus riche.

8. - La Science pour la Science

Ce n'est pas contre M. Le Roy que je veux défendre la Science pour la Science ; c'est peut être ce qu'il condamne, mais c'est ce qu'il cultive, puisqu'il aime et recherche la vérité et qu'il ne saurait vivre sans elle. Mais j'ai quelques réflexions à faire.

Nous ne pouvons connaître tous les faits et il faut choisir ceux qui sont dignes d'être connus. Si l'on en croyait Tolstoï, les savants feraient le choix au hasard, au lieu de le faire, ce qui serait raisonnable, en vue des applications pratiques. Les savants, au contraire, croient que certains faits sont plus intéressants que d'autres, parce qu'ils complètent une harmonie inachevée, ou parce qu'ils font prévoir un grand nombre d'autres faits. S'ils ont tort, si cette hiérarchie des faits qu'ils postulent implicitement, n'est qu'une illusion vaine, il ne saurait y avoir de Science pour la Science, et par conséquent il ne saurait y avoir de Science. Quanta moi, je crois qu'ils ont raison, et, par exemple, j'ai montré plus haut quelle est la haute valeur des faits astronomiques, non parce qu'ils sont susceptibles d'applications pratiques, mais parce qu'ils sont les plus instructifs de tous.

Ce n'est que par la Science et par l'Art que valent les civilisations. On s'est étonné de cette formule : la Science pour la Science ; et pourtant cela vaut bien la vie pour la vie, si la vie n'est que misère ; et même le bonheur pour le bonheur, si l'on ne croit pas que tous les plaisirs sont de même qualité, si l'on ne veut pas admettre que le but de la civilisation soit de fournir de l'alcool aux gens qui aiment à boire.

Toute action doit avoir un but. Nous devons souffrir, nous devons travailler, nous devons payer notre place au spectacle, mais c'est pour voir; ou tout au moins pour que d'autres voient un jour.

Tout ce qui n'est pas pensée est le pur néant; puisque nous ne pouvons penser que la pensée et que tous les mots dont nous disposons pour parler des choses ne peuvent exprimer que des pensées; dire qu'il y a autre chose quo la pensée, c'est donc une affirmation qui ne peut avoir de sens.

Et cependant -étrange contradiction pour ceux qui croient au temps- l'histoire géologique nous montre que la vie n'est qu'un court épisode entre deux éternités de mort, et que, dans cet épisode même, la pensée consciente n'a duré et ne durera qu'un moment. La pensée n'est qu'un éclair au milieu d'une longue nuit.

Mais c'est cet éclair qui est tout.

Henri Poincaré

ISBN : 978-1497577640

De la même maison d'édition, découvrez le livre:

Les Petits Secrets de l'Entretien d'Embauche

Brian Wilkinson

Les Petits Secrets

de l'Entretien d'Embauche

Disponible sur Amazon.fr

www.ingramcontent.com/pod-product-compliance
Lightning Source LLC
Chambersburg PA
CBHW051801170526
45167CB00005B/1833